Service-Telefon 0130 - 86 3448

Rufen Sie uns an, wenn Sie Fragen zum Einsortieren der Folgelieferung haben, wenn Ihnen Folgelieferung fehlen, oder wenn Ihr Werk unvollständig ist.
Wir helfen Ihnen schnell weiter!

Der Inhalt dieser Folgelieferung

Titel des Beitrags	aktualisiert	neu, bzw. erweitert	Seiten
Aktuelles		X	16
Spezieller Pflanzenanbau			
Teil 4: Dinkel		X	6
Teil 9: Zwischenfrüchte		X	3
Teil 10: Untersaaten im Getreide		X	3
Obstbau **Teil 1: Biologische Obstproduktion**		X	19
Ökologischer Stallbau		X	51
Rinderhaltung **Teil 6: Versorgung mit Spurenelementen**		X	4
Großverbraucher		X	24
Statistiken **Teil 1: Strukturdaten nach der EU-Bioverordnung**		X	2
Ausbildungsmöglichkeiten		X	18
Orga-Seiten	X		17
Gesamt			163

Vorgesehener Seitenpreis (inkl. 7 % MwSt.) ca.: DM 0,49

Diese Folgelieferung: Preis DM 78,–; Seiten: 163; tatsächlicher Seitenpreis (inkl. 7 % MwSt.): DM 0,48

Aktuelles

Überblick über wichtige Nachrichten der letzten Monate für Abonnenten des SpringerLoseblattSystems »Ökologische Landwirtschaft« bis Dezember 1995.

HARDY VOGTMANN, HELGA WILLER,
BETTINA DOSTAL, ELKE BIEBER

Editorial

Ökologische Landwirtschaft und ländliche Regionalentwicklung – eine Chance nur miteinander

Ökologische Landwirtschaft und ländliche Regionalentwicklung sind zwei Seiten derselben Medaille. Landwirtschaft ist mehr als die Produktion von Lebensmitteln. Sie trägt in vielfacher Weise zum Wohlergehen der hochentwickelten Gesellschaften Europas und seiner Regionen bei. Zum einen pflegt sie mit ihrer Wirtschaftsweise die natürlichen Ressourcen Boden, Wasser und Luft. In ihrer Selbstbeschränkung auf möglichst naturnahe und ressourcenschonende Wirtschaftsweisen knüpft sie aber auch an die traditionellen Landbauformen an. Diese haben die Kulturlandschaften Europas in ihrer ästhetischen, kulturellen, sozialen und ökologischen Vielfalt geschaffen. Landwirtschaft ist also eine Entwicklung, die auf die natürlichen Ressourcen der jeweiligen Region und der spezifischen nachhaltigen Entwicklung aufbaut, zugleich aber auch auf das vielfältige kulturelle, soziale und infrastrukturelle Geflecht, das man gemeinhin als Tradition bezeichnet. In diesem Sinne ist Landwirtschaft Agrarkultur.

Landwirtschaft ist daher von ihrem Wesen her regionsspezifisch, möglichst dezentral organisiert, auf nachhaltige Wirtschaftlichkeit und hohe Wertschöpfung in der Region ausgerichtet. Dabei ist eine Region nicht ein geographisch festgelegtes oder sogar von der Verwaltung begrenztes Gebilde, sondern die Region definiert sich aus dem Anliegen der dort lebenden Menschen in kultureller, sozialer und ökonomischer Hinsicht. Kernpunkte einer solchen Regionalentwicklung sind Selbstbesinnung, Selbstbehauptung und selbstgesteuerte Entwicklung – noch kürzer zusammengefaßt vielleicht in dem Begriff der Emanzipation. Damit wird deutlich, daß eine eigenständige Regionalentwicklung sich dem Sog der ökonomischen Dynamik der Ballungszentren entgegensetzen muß und eine eigene Identität, kulturelle Kontinuität bei gleichzeitig innovativen Wirtschaftsansätzen entwickelt.

Diese Prinzipien schließen den Kreis zur Agrarkultur. Denn Agrarkultur ist nicht allein eine andere Produktionstechnik. Sie ist in meinem Verständnis auch die Emanzipation der Landwirtschaft von einer fehlgeleiteten und im weltweiten Maßstab betrachteten lebensgefährlichen Entwicklungsstrategie. Eine Strategie, die den Begriff Entwicklung eigentlich nicht verdient, weil sie auf der Ausbeutung der natürlichen Ressourcen, aber zunehmend auch der Menschen, in großen Teilen der Welt aufbaut. Agrarkultur emanzipiert die Landwirtschaft von der Doktrin, auch in der Landwirtschaft könne und müsse mit einem immer höheren Aufwand von Fremdenergie, Chemie und Technik der »Faktor Mensch«, der »Faktor Tier« und der »Faktor Natur« immer rationeller ausgebeutet werden. In diesem Zusammenhang ist auch die Ablehnung gentechnischer Manipulationen an lebenden Organismen zu sehen. Agrarkultur beinhaltet ethische Prinzipien und lehnt es ab, alles zu machen, was machbar erscheint.

Diese Art der Landwirtschaft, der Agrarkultur und einer eigenständigen ganzheitlichen Regionalentwicklung begegnen und ergänzen sich also nicht nur bei den Prinzipien möglichst geschlossener Stoffkreisläufe, dezentraler und eigenständiger Wirtschaftskreisläufe, kultureller und regionaler Besonderheiten und Identität. Sie setzen sich gemeinsam auch für mehr Selbstbestimmung, politische Überschaubarkeit und Transparenz und damit für stabile demokratische Prozesse ein. Diesen Zielen hat sich der ökologische Landbau schon seit Jahrzehnten verschrieben und bietet daher Hand zur Kooperation mit einer Region im Sinne einer eigenständigen ländlichen Regionalentwicklung. Das Überleben der Landwirtschaft im Sinne der Agrarkultur hängt ganz entscheidend davon ab, inwieweit sie sich mit den Zielen einer ökologischen Landwirtschaft verbinden kann.

HARDY VOGTMANN
(Herausgeber)

Aufnahme des Öko-Landbaus in den Rahmenlehrplan

Das Bonner Kultusministerium hat beschlossen, in den Rahmenlehrplan für den Ausbildungsberuf Landwirt im zweiten und dritten Lehrjahr achtzig Unterrichtsstunden zum ökologischen Landbau aufzunehmen, teilt die Arbeits-Gemeinschaft Ökologische Landwirtschaft (AGÖL) mit. Damit werde dem Thema ebensoviel Aufmerksamkeit gewidmet wie dem Produktionsverfahren Grünland. Wichtig sei nun, daß alle Beteiligten für die Umsetzung sorgen. Bei der AGÖL und bei der Stiftung Ökologie & Landbau (SÖL) können Materialien zum ökologischen Landbau bezogen werden.

Quelle: AGÖL-Info 9/95
Näheres: ArbeitsGemeinschaft Ökologischer Landbau, Baumschulenweg 11, 64295 Darmstadt und Stiftung Ökologie & Landbau, Weinstraße Süd 51, 67098 Bad Dürkheim

Öko-Weinbaukongreß

Innovative und zukunftsorientierte Themen des ökologischen Weinbaus standen im Vordergrund des 5. Internationalen Ökologischen Weinbaukongresses im November in Bad Dürkheim: Es wurden Erfahrungen mit dem Anbau widerstandsfähiger, pilztoleranter (interspezifischer) Rebsorten, aktuelle Erkenntnisse zur Anwendung von Pflanzenstärkungsmitteln gegen die wichtigsten Pilzkrankheiten (Oidium und Peronospora) sowie neueste technische Möglichkeiten zur Verbesserung der Bodenlockerung oder zum Begrünungsmanagement vorgestellt. Zehn Jahre nach dem ersten Kongreß findet der ökologische Weinbau in den Forschungseinrichtungen zunehmend Beachtung. Bei der Jubiläumsveranstaltung »Zehn Jahre Bundesverband Ökologischer Weinbau« forderte die BÖW-Vorsitzende Christine Bernhard daher die Einführung eines Lehrstuhls für ökologischen Weinbau.

Alle Vorträge und Posterbeiträge des Kongresses sind in der SÖL-Sonderausgabe Nr. 64 abgedruckt: Ulrich Hampl et al. (Hrsg.); »Öko-Weinbau - Boden- und Pflanzenpflege, Weinqualität und Betriebswirtschaft« (ISBN-Nr. 3-926104-64-3, 162 S., 29,80 DM).

Näheres: Stiftung Ökologie & Landbau, Dr. Ulrich Hampl, Weinstraße Süd 51, 67098 Bad Dürkheim, Telefon 06322-8666, Fax: 06322-8794

Öko-Markt in Köln

Für die Kunden des Kölner Ökomarktes stehen die Frische der Produkte aus der Region und der gute Geschmack der Lebensmittel bei einer Umfrage ganz oben in ihrer Prioritätenliste. Das Interesse an ökologisch angebautem Obst und an Fleisch aus artgerechter Haltung ist groß.

Die Hälfte aller in der Kölner Fußgängerzone befragten Personen wollen den Öko-Markt einmal ausprobieren. Es ist geplant, das Modell Öko-Markt auszuweiten. Wenn die Vermarktungswege geöffnet werden, werden auch weitere Bauern eine Umstellung auf ökologischen Landbau in Erwägung ziehen.
Quelle: Ökologie & Landbau,
Heft 4, 1995
Näheres: Agrarkonzept GmbH,
Christoph Dornbusch,
Luxemburger Straße 152,
D-50937 Köln,
Telefon: 0221-4201975,
Fax: 0221-4201876

200 Bücher zum ökologischen Land- und Gartenbau

Eine von der Stiftung Ökologie & Landbau zusammengestellte Übersicht listet mehr als 200 Bücher zum Thema Ökolandbau auf. Die Literatur wird klassifiziert nach Einstiegslektüren, nach Werken, die als Klassiker »Pflichtlektüre« geworden sind und nach Publikationen, die sich am ehesten für die Praxis eignen. Anhand von 13 übersichtlichen Kapiteln werden die wichtigsten Werke mit dem jeweiligen Themenkreis vorgestellt (zum Beispiel Boden, Pflanzenbau, Gartenbau, Obst- und Weinbau, Ökonomie, Soziales, Umwelt). Die Übersicht bietet nicht nur dem Anfänger wertvolle Informationen, sondern weist auch den Kenner auf

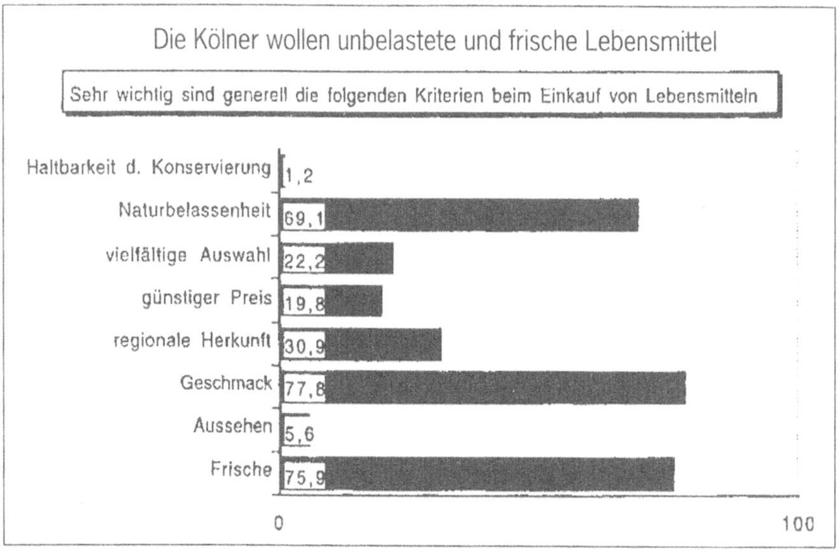

bisher verborgene Publikationen hin. (LÜNZER/WILLER: Die 200 wichtigsten Bücher zum ökologischen Land- und Gartenbau, SÖL-Sonderausgabe Nr. 7, 8. vollständig überarbeitete Auflage, Bad Dürkheim 1995, 4,80 DM)
Näheres/Bezug:
Stiftung Ökologie und Landbau,
Immo Lünzer, Dr. Helga Willer,
Postfach 1516, 67098 Bad Dürkheim,
Telefon: 06322-8666, Fax: 06322-8794

EU-Verordnungsentwurf zur ökologischen Tierhaltung

Vier Jahre nach Verabschiedung der EG-Biokennzeichnungs-Verordnung zum ökologischen Pflanzenbau wurde im September 1995 ein zweiter, noch immer nicht offizieller Verordnungsentwurf zur ökologischen Tierhaltung bekannt. Die Anbauverbände in Deutschland und anderen EU-Ländern kritisieren den Entwurf als teilweise unpraktikabel.

Kritisch beurteilen sie die Vorschriften zur Futterversorgung, zum Umgang mit der Veterinärmedizin und zu den Umstellungszeiten, ferner die zu detaillierten Regeln zur Geflügelhaltung. Öko-Honig könne es nach dem vorgelegten Entwurf in Europa wohl gar nicht geben.

Begrüßt wird das ausdrückliche Verbot von Embryotransfer und von Hormonen zur Steuerung der Ovulation der weiblichen Tiere. Krankheitsvorsorge durch die Wahl krankheitsresistenter Rassen zu betreiben, wie es die Kommission festlegen möchte, ist kein Mittel der Wahl, meinen die Verbände. Der Ökolandbau sorge für die Tiergesundheit durch tiergerechte Haltungsformen, ausgewogene Futterrationen und aufmerksame Betreuung durch den Landwirt.

Während der Verordnungsentwurf die medizinische Behandlung auf homöopathische und alternative Medikamente beschränken möchte, kann nach Auffassung der Öko-Praktiker nicht völlig auf Allopathika verzichtet werden. Deren prophylaktische Anwendung dürfe aber grundsätzlich nicht erlaubt werden. Behandlung muß aber möglich sein, wenn Krankheiten auftreten. Die Anwendung synthetischer Medikamente sei auch deshalb erforderlich, weil es zu wenig entsprechend ausgebildete Tierärzte gibt, die fachkundig homöopathische oder phytotherapeutische Medikamente einsetzen könnten.

Artgemäße Rinderhaltung

Der Verordnungsentwurf sieht vor, die Bestandsdichte auf maximal zwei Großvieheinheiten je Hektar zu beschränken. Die Verbände halten dies für viel zu hoch, und plädieren für regional angepaßte Regelungen, die der sehr unterschiedlichen Ertragsfähigkeit der Weidegebiete Rechnung tragen.

Ob die Verordnung den Ökobauern und -bäuerinnen nutzt oder schadet, läßt sich erst beurteilen, wenn der offizielle Entwurf vorliegt, zu dem auch das Europaparlament gehört werden muß.
Quelle: Ökologische Briefe vom 12. Juli, S. 2 / Ökologie & Landbau, Heft 4, 1995, S. 20 (verändert)
Näheres: Arbeitsgemeinschaft Ökologischer Landbau, Dr. Manon Haccius, Baumschulweg 11, 64295 Darmstadt, Tel.: 06155-2081, Fax: 06155-5774

Niedersachsens Landwirte sollen auf Öko-Landbau umstellen

Die starke Nachfrage nach Öko-Produkten könne von niedersächsischen Betrieben nicht mehr befriedigt werden, erklärt das zuständige Ministerium. Mit Hilfe des Aktionsprogramms »Öko-Landbau 2000« solle den Landwirten daher Mut gemacht werden, ihre Produktion auf ökologischen Landbau umzustellen. Bis zum Jahr 2000 solle sich die Zahl der Öko-Betriebe auf 5.000 verzehnfachen. Unter anderem sollen Gelder für einzelbetriebliche Förderung zur Verfügung stehen Die Landwirte sollen auch die Möglichkeit erhalten, sich in Fortbildungskursen Wissen zum ökologischen Landbau anzueignen.
Quelle: HNA vom 28.9.1995

Verband für ökologischen Heilpflanzenanbau

Ökoplant, der neugegründete Förderverein für ökologischen Heil- und Gewürzpflanzenanbau, möchte verstärkte Kooperation und intensiven Erfahrungs- und Informationsaustausch zwischen Erzeugern, Verarbeitern und Händlern in die Wege leiten. Der Verein sieht im ökologischen Heil- und Gewürzpflanzenanbau große Chancen, bäuerliche Existenzen zu sichern und qualitativ hochwertige Produkte anzubieten.
Näheres: Geschäftsstelle Ökoplant, Bombastus Hof, 35781 Weilburg-Gaudernbach, Telefon und Fax: 06484-6138

Immer mehr Verbraucher greifen zu Bio

Die Anzahl regelmäßiger Biokost-Kunden steigt zumindest in den Umfragen ständig: von vier auf acht Prozent ist deren Anteil in den letzten zehn Jahren geklettert. Während 1984 22 % der Verbraucher »gelegentlich« Biokost kauften, sind es heute schon 67 %. Das Hauptargument sind gesundheitliche Aspekte.
Quelle: Schrot & Korn Special, November/ Dezember 1995

Leitbetriebe Ökologischer Landbau

In einem Projekt soll die Etablierung und Optimierung des ökologischen Landbaus in Nordrhein-Westfalen unterstützt werden. Wissenschaftliche Erkenntnisse sollen in Leitbetrieben zur Praxisreife geführt werden. Demonstrationsmöglichkeiten vor Ort werden die Beratung und Verbreitung des ökologischen Landbau in der Region fördern. Das Projekt wird durch das Landwirtschaftsministerium von Nordrhein-Westfalen und die Europäische Union unterstützt. *Näheres: Institut für Organischen Landbau, Universität Bonn, Dr. Holger Schenke, Katzenburgweg 3, 53115 Bonn, Telefon: 0228-7356161, Fax: 0228-735617*

Mailbox zum ökologischen Gemüsebau

Die aktuellsten Informationen zum ökologischen Gemüsebau können mittels elektronischer Datenübertragung bei der Lehr- und Versuchsanstalt in Neustadt an der Weinstraße abgerufen werden. Die Mailbox enthält Adressen von Herstellen und Firmen, Infos über den neusten Stand der EG-Verordnung Ökologischer Landbau, Einzelberichte zu aktuellen Fragen, Veranstaltungskalender und das gesamte Informationsangebot des konventionellen Gemüsebaus. Das Jahresabo kostet innerhalb Rheinland-Pfalz 100 DM, außerhalb 200 DM. *Näheres: Staatliche Lehr- und Forschungsanstalt, Herr Schlaghecken, Breitenweg 71, 67343 Neustadt / Weinstraße, Tel.: 06321-671272, Fax: 06321-671222*

Ozonschäden an Apfelkulturen in Südtirol

Die verstärkte Berostung, die in diesem Jahr Ende April, Anfang Mai erfolgte, ist nach Ansicht von Walter Huber vom Versuchszentrum Laimburg auf Ozon zurückzuführen. Empfindlich für Ozon seien Früchte in der Wachstumsphase. Als besonders empfindlich habe sich Golden Delicious Klon B erwiesen. Das Ozon greife die Zellwände an, darauf reagiere die Frucht mit Verkorkung. Beim weiteren Wachstum entstehen Risse, da sich die verkorkten Zellen nicht mehr ausdehnten. Kaum schädigend sei dagegen die Ozonbelastung im Hochsommer, da die Blätter ausgewachsen und die Äpfel mit einer schützenden Wachsschicht überzogen seien. Die Konzentration des bodennahen Ozons habe sich in den letzten drei Jahren verdoppelt. Durch den starken Verkehr ist das Bozener Unterland besonders stark betroffen.
Quelle: ZMP: Erzeugerpreise aus ökologischem Anbau, Nr. 34, 25.08.1995

Umweltärzte warnen vor Pflanzenschutzmitteln

Umweltärzte haben vor krebsverdächtigen und erbgutschädigenden Pflanzenschutzmitteln gewarnt. Für wenigstens fünf Pestizidwirkstoffe gebe es entweder den Nachweis oder den begründeten Verdacht, daß sie oder ihre Stoffwechselprodukte Krebs auslösen, heißt es in einer Studie, der Interdisziplinären Gesellschaft für Umweltmedizin (Igumed) in Frankfurt am Main.

Diese Stoffe waren oder sind den Angaben zufolge noch immer in Deutschland zugelassen. Von insgesamt mehr als 200 Pestizidwirkstoffen wurden 16 untersucht. Bei vielen dieser Chemikalien reichten die verfügbaren Informationen für eine abschließende Bewertung ihrer Gesundheitsgefahr nicht aus. Keiner der untersuchten Pestizidwirkstoffe könne aus medizinischer Sicht als unbedenklich eingestuft werden. Zu den fünf krebsverdächtigen Stoffen zähle das in Deutschland noch immer zugelassene Fungizid Vinclozolin, erklärte Igumed-Vorstandsmitglied Arndt Dohmen. Die Igumed forderte die Zulassungsstellen auf, bestehende Genehmigungen für Pflanzenschutzmittel zu überprüfen.

Quelle: ZMP: Erzeugerpreise aus ökologischem Anbau, Nr. 36, 08.09.1995

Buchtip

Das zukunftsfähige Deutschland: kalt und finster?

Mit ihrer 450-Seiten Studie über das ökologische Deutschland im nächsten Jahrhundert haben der Bund für Umwelt und Naturschutz (BUND) und Misereor den großen Wurf gelandet. Sie ließen das Wuppertaler Institut für Klima, Umwelt und Energie ein Szenario für unseren Alltag berechnen, das zwei grundlegende Umstellungen berücksichtigt: Die Wirtschaftsweise soll auch die sensibelsten Teile der Natur für künftige Generationen bewahren. Und es soll globale Gerechtigkeit herrschen, mit den gleichen Chancen für Menschen in Nord und Süd, die Erde als Rohstofflager, Müllplatz oder Garten zu nutzen. Kein Wunder, daß die Verfasser zu Umweltzielen kommen, die in den Industrieländern Heulen und Zähneklappern hervorrufen würden. Emittiert beispielsweise im Jahr 2050 jedes Land nur noch so viel CO_2 pro Kopf, wie der Globus vertragen kann und wie es international gerecht wäre, müßte die Bundesrepublik bis dahin seinen CO_2-Ausstoß um 90 Prozent senken. Innerhalb der nächsten 14 Jahre müßte auf ein Viertel der fossilen Brennstoffe und der nicht erneuerbaren Rohstoffe verzichtet werden, mit dem Straßenbau wäre Schluß, ein Drittel weniger Primärenergie dürfte verbraucht werden und Kernkraftwerke würden ganz abgeschaltet. Die Studie verheimlicht nicht, daß Effizienzsteigerungen allein den Weg in die Öko-Gesellschaft nicht ebnen werden. Schrumpfen, Entbehrungen und Konsumverzicht oder, wie die Autoren es nennen, die »Eleganz der Einfachheit« gehören dazu. Freuen dürfen sich allerdings die Ökobauern. Statt, wie heute, knapp ein Prozent der landwirtschaftlichen Betriebe zu stellen, sollen Biobauern im Jahr 2010 hundert Prozent der Felder beackern. Die Argumente sind ebenso einleuchtend wie bekannt. Stadt und Land, so schwebt es den Wuppertaler Visionären vor, wären endlich versöhnt. Statt nach Avocado, Argentinien-Steak und Ananas verlangt es den Verbraucher von morgen nach Äpfeln aus dem Nachbardorf. Dafür und für den Sonntagsspaziergang in der ökologischen Kulturlandschaft greift er gern tiefer in den Geldbeutel. Luxusverachtend, veränderungswillig und uneigennützig wirkt er am »historischen Übergang zu einer maßvollen Wirtschaftsweise« mit. An dieser Stelle lassen sich die Verfasser von ihrem Wunsch nach einer gerechten und sauberen Welt mitreißen, während der Blick auf rationale politische Schritte unscharf wird. So fehlt es an präzisen Forderungen an die Agrarpolitiker des Bundes und der Europäischen Union. Wie sich die gewaltigen Mittel aus dem Brüsseler Agrartopf umschichten ließen, um die Umstellung auf ökologisches Wirtschaften für Bauern und Verbraucher erträglich zu machen, wird nicht erörtert. Ebenfalls unklar bleibt, wer in den nächsten Jahren das Ruder in in der Agrarpolitik schlagartig herumreißen soll. Der Effekt von Bewußtseinsbildung, Graswurzelaktionen und mehr Bürgerbeteiligung – so die Vorschläge des ambitionierten Teams – zeigt sich erfahrungsgemäß erst nach langer Zeit. Fraglich ist dann immer noch, wer die eiserne Konsequenz und den frommen Gerechtigkeitssinn der Wuppertaler Zukunftsforscher überhaupt teilt, statt sich angesichts einer schrumpfenden Wirtschaft und härterer Verteilungskämpfe schaudernd abzuwenden. Wer allerdings dieses provozierende Szenario nicht scheut, wird die umfangreiche und idealistische Studie mit Spannung lesen.

Bund/Misereor (Hrsg.): Zukunftsfähiges Deutschland. Ein Beitrag zu einer global nachhaltigen Entwicklung. 454 Seiten, Basel, Boston, Berlin: Birkhäuser Verlag, Januar 1996, 39,80 DM.

Die flankierenden Maßnahmen der EU-Agrarreform von 1992

Mit den flankierenden Maßnahmen wird das versucht, was im Hauptteil der Reform versäumt wurde, nämlich Maßnahmen der Marktentlastung, der Umweltentlastung und der Einkommenssicherung der Landwirtschaft miteinander zu verbinden.

Insbesondere die Verordnung 2078/92 (Umweltteil der flankierenden Maßnahmen) ist ein gelungener Einstieg in eine neue europäische Agrarpolitik. Bei aller Kritik an der Agrarreform insgesamt stellt diese Verordnung einen positiven Ansatz dar, der in Hessen offensiv zugunsten einer ökologischen Landwirtschaft im Kontext regionaler Entwicklung umgesetzt wird. Die flankierenden Maßnahmen werden in Hessen insbesondere über das hessische Kulturlandschaftsprogramm (HEKUL) verwirklicht.

Maßnahmen und Konditionen im HEKUL

- Förderung der *Einführung* oder *Beibehaltung* des ökologischen Landbaus im *Gesamtbetrieb:* Es gelten die Kriterien des ökologischen Landbaus gemäß VO (EWG) 2092/91
  Fördersätze
  - einjährige Ackerkulturen (mit Stützungsausgleich) 350,– DM/ha
  - sonstige einjährige Ackerkulturen und Dauergrünland 450,– DM/ha
  - Dauerkulturen 1.440,– DM/ha

  Bei Anschluß an einen anerkannten Verband des ökologischen Landbaus zusätzlich bis zu 2.000,– DM/Betrieb.
- Förderung einer extensiven Grünlandbewirtschaftung 350,– DM/ha
- Förderung eines extensiven Ackerbaus 250,– DM/ha
- Förderung von Lehrgängen und Praktika bis 60 % der Ausgaben Vermarktungsförderung

Für Marktanalysen und Planungen gibt es Zuschüsse bis zu 50 % der Kosten oder 50.000,– DM pro Maßnahme.

Eine wichtige Komponente im hessischen Kulturlandschaftsprogramm ist - dies war in den flankierenden Maßnahmen der EU so nicht vorgesehen, wurde aber notifiziert – die begleitende Förderung der ökologischen Bewirtschaftung durch gezielte Vermarktungsunterstützung. Damit unterstreicht Hessen den Willen, den Ökolandbau nicht nur über Flächenhilfen fördern zu wollen, sondern ihm über eine stabile Position am Markt möglichst eine eigenständige und nachhaltige Entwicklung zu ermöglichen.

Der hessische Weg – Verzahnung ökologischer und regionaler Entwicklung auf dem Land

Mit einem Bündel aufeinander abgestimmter Förderinstrumente und begleitender Maßnahmen der Beratung versucht Hessen, im Rahmen seiner landespolitischen Möglichkeiten, ökologisch orientierte und regionale Wachstumsimpulse in der Landwirtschaft und im gesamten ländlichen Raum zum wechselseitigen Vorteil zu verknüpfen.

Programme zur Förderung der ländlichen Regionalentwicklung

- Verbesserung der Marktstruktur
- Förderung der Vermarktung nach besonderen Regeln erzeugter Produkte
- Produktinnovationsprogramm
- Marketingprogramm
- Dorferneuerungsprogramm
- Regionalentwicklungsprogramm

Einzelprojekte im Bereich der Verarbeitung und Vermarktung von Bioprodukten: Marktstrukturförderung

Auch in einem Förderbereich (EG-VO-866), der bislang stärker zur Zentralisierung der Verarbeitung und Vermarktung diente, aktiviert Hessen Fördermittel der EU für den Bereich der ökologisch erzeugten Produkte im regionalen Kontext.

Von insgesamt 163 Millionen DM Investitionsmittel für den Zeitraum 1994 bis 1999 sind etwa ein Drittel für den Bereich des ökologischen Landbaus geplant. Gefördert werden sollen unter anderem Verarbeitungs- und Vermarktungseinrichtungen aus den Bereichen der Obst- und Gemüseverarbeitung, Getreide, Milch- und Milcherzeugnissen, Wurst- und Fleischwaren.

Ein Beispiel für den Bereich der Getreidevermarktung ist die Herzberger Dorfbäckerei, ein Tochterunternehmen einer in Hessen führenden Einzelhandelskette. Mit einem Investitionsvolumen von 9,4 Millionen DM werden in einem benachteiligten Gebiet (Ziel Gebiet 5 b Region) Kapazitäten für die Verarbeitung von 9.000 t Biogetreide jährlich erstellt. Damit verbunden ist die Schaffung von sechzig Arbeitsplätzen. Durch den zusätzlichen Getreideabsatz können mehr als 2.000 ha Bio-Getreidefläche umgestellt werden. Unter hessischen Verhältnissen entspricht das etwa 4.000 ha Gesamt-LF und mehr als hundert Betriebe.

Mit der Förderung verbunden wird der garantierte Bezug des Getreides von regionalen Erzeugern.

Biohalle Alsfeld

Mit dem Ziel, eine gemeinschaftliche Fleischvermarktungseinrichtung aufzubauen, wurde am 10. 09. 92 von 21 Landwirten die »Biohalle GmbH Alsfeld« im Höhengebiet Vogelsberg gegründet.

Die hessische Landesregierung fördert den Ausbau des ehemaligen Schlachthofs der Stadt Alsfeld zu einer Biometzgerei mit 1,8 Millionen DM.

Die Biohalle soll als regionaler Verarbeitungsbetrieb mehrere Verkaufseinrichtungen im südhessischen Raum beliefern.

Als weitere Absatzschienen werden der Großhandel, der Naturkosthandel und regionale Hofläden mit Fleisch- und Fleischerzeugnissen bedient. Weitere Unternehmenszweige, die sich noch im Aufbau befinden sind der Handel mit Großvieh, der Vertrieb eines Trockensortiments, ein ABO-System und ein Restaurationsbetrieb.

Biomolkerei Wilma Fischer in Marburg

Die Molkerei Wilma Fischer hat 1990 in Kooperation mit einer regionalen Erzeugergruppe mit der Biomilchverarbeitung begonnen. Im Jahr 1991 wurde mit finanzieller Förderung durch die Agrarverwaltung eine Flaschenabfüllanlage installiert (Produktinovationsprogramm, Gesamtfördersumme: 330.000,– DM, davon Fördermittel: 82.000,– DM).

Bis Juli 1994 wurden die Biomilcherzeugnisse schwerpunktmäßig an den Naturkostgroßhandel vermarktet.

Seit Sommer 1994 wird ein Sortiment von neun Frischmilchprodukten in 65 hessischen Supermärkten gelistet. Neben den Absatzbemühungen im Lebensmittelhandel, soll die Vermarktung an Reformhäuser und Kindernahrungsmittelhersteller ausgebaut werden.

Im Jahr 1994 wurden 2,5 Millionen kg Milch zur Biomilcherzeugnissen verarbeitet. Das Absatzvolumen soll im Jahr 1995 auf rund sieben Millionen kg Biomilch erhöht werden.

Biometzgerei Fettnäpfchen, Kassel

Die Metzgerei wird seit 1989 von zwei Bio-Landwirten (Gröschner und Karl Armbruster) betrieben.

- Umfang der Fleischvermarktung
  - Schlachtungen:
    rund zwölf Schweine/Woche
    ein bis zwei Rinder/Woche

- Absatzwege
  - drei Filialen Kassel
  - Belieferung eines Naturkostladens
  - Belieferung eines Lebensmittelservice »Grüner Bote« Witzenhausen

- Förderung der Metzgerei durch das Land Hessen (Innovationsförderung)
  - Wurstreiferaum 33.700,– DM
  - Ausbau- und Einrichtung der Metzgerei 54.700,– DM
  - Marketing 4.800,– DM
  - Gesamt (35 % der Investitionen) 93.200,— DM

- Umsatzentwicklung

–	1989	243.000,– DM
–	1990	643.000,– DM
–	1992	783.000,– DM
–	1993	860.000,– DM
–	1994	rund 1 Mio. DM

Die BSE-Problematik hat die Kaufbereitschaft für Biofleischerzeugnisse erhöht.

- Schaffung von Arbeitsplätzen in Metzgerei und Verkaufsbereich: Mit einer vergleichsweise geringen Förderung und Gesamtinvestition konnte für etwa sechs Personen neue Arbeit geschaffen werden.

Regionalentwicklung Rhön

Idealtypisch stellt sich die ökologische Landwirtschaft in den Regionen Hessen dar, in denen die sektorale Förderpolitik zugunsten einer integrierten Regionalpolitik überwunden wurde.

Als Beispiel sei die Rhön, das »Land der offenen Fernen« genannt. Die Rhön liegt im Dreiländereck Hessen-Thüringen-Bayern und umfaßt 167.000 ha. Gut die Hälfte der Gesamtfläche wird landwirtschaftlich, weitere 41 % forstwirtschaftlich genutzt. 1991 erfolgte durch die UNESCO die Anerkennung als Biosphärenreservat. Damit wurde für die Mittelgebirgslandschaft das Ziel einer ökologischen Regionalentwicklung vorgegeben. Die Verwirklichung dieses umfassenden Ziels und seine inhaltliche Ausgestaltung wurde zu einer Aufgabe der in der Region lebenden Menschen.

In Hessen hat sich als Träger oder Motor der Entwicklung der Verein »Natur- und Lebensraum Rhön« gebildet, ein Zusammenschluß zahlreicher Vereine, Privatpersonen, Institutionen und Kommunen sowie des Landes. Da die Region Rhön eine von der EU anerkannte Gebietskulisse nach dem Ziel 5 b ist, könnte der Verein auch als Gemeinschaftsinitiative im Rahmen der Leader-Förderung erfolgreich antreten.

In enger Zusammenarbeit zwischen dem Verein und der Verwaltung konnten unter Einschaltung von Regionalberatern bereits unter der Leader 1-Förderung 1991 bis 1993 rund 150 Projekte in den Bereichen Naturschutz, Landwirtschaft, Tourismus, Handwerk, Handel und Kultur umgesetzt werden. Diese Projekte wurden nach Prüfung auf Umwelt- und Sozialverträglichkeit, Wirtschaftlichkeit und Regionalbedeutung von rund 500 Anträgen vom Verein als förderfähig bewertet.

Die Palette der Einzelprojekte umfaßt unter anderem den Ausbau von Wirtschaftsgebäuden zu Ferienzimmern, den Aufbau eines Handwerkerzusammenschlußes, der Reaktivierung der Rhönbahn, die Errichtung eines Radwegenetzes, den Aufbau von Erzeugerzusammenschlüssen und Maßnahmen der naturgemäßen Waldwirtschaftung.

HARDY VOGTMANN

Termine

Landbaukurse

Einführungskurs: Ökologischer Landbau
(Naturlandverband)
vom 15.-17.01.1996
Näheres:
Katholische Landvolkshochschule
St. Ulrich,
D-79283 Bollschweil,
Tel:. 07602-91010

Vorstellungen zum Naturverständnis - Konsequenzen für Forschung und Praxis des ökologischen Landbaus
am 19.01.1996
an der TU-Weihenstephan, im Vortragssaal der Bayerischen Landesanstalt für Pflanzenbau und Bodenkultur
Näheres:
Dr. Hans Jürgen Reents, Koordinator für Ökologischen Land- und Gartenbau der TU-Weihenstephan,
D-85350 Freising,
Tel:. 08161-713778

1. Ehrenfried-Pfeiffer-Seminar: Vitalqualität von Lebensmitteln mit Hilfe bildschaffender Methoden
vom 26. - 27.01.1996
Steigbild und Kupferchlorid-Kristallisation: ganzheitliche Erfassung vom Gesichtspunkt der Lebendigkeit.
Anmeldung: Labor Dr. F. M. Balzer, Oberer Ellenberg 5, D-35083 Wetter,
Tel.: 06423-7483 Fax: 06423-3197

Umstellung auf den ökologischen Landbau
Kurs vom 29.01.-4.02.1996
Näheres:
Bauernschule Hohenlohe,
D-74592 Kirchberg an der Jagst-Weckelweiler,
Tel:. 07954-328

Ökomenische Gartenbauseminare
Der Verbände Bioland, Naturland, Demeter
vom 22. - 24.01.1996
auf dem Hesselberg
Gemüselagerung, Nützlingseinsatz gegen Blattläuse, EDV, Zeitmanagement, Präparateanwendung
Näheres:
Hansjörg Mattmüller,
Tel.:/Fax: 08761-70047

Biodiversität und Landwirtschaft (Nr. 111)
vom 17. - 18.04.1996
Konzepte und Ideen zur Bewahrung der Biodiversität.
NABU-Akademie Gut Sunder,
Winsen/Aller
Tel:. 05056/367

Biologische Landwirtschaft und Naturschutz im südlichen Thüringen
10. - 14.06.1996
Ort: Themar
Näheres: Bildungswerk Ökologie e.V.,
Darmstadt.
Tel:. 06151/312391

Tierhaltung

AGKT-GÖT-IGN-TVT-Tagung
Tierzucht und Ethik in der Landwirtschaft
vom 22. - 24.02.1996
in Salzburg
Näheres:
Univ. Prof. Dr. A. Haiger,
Institut für Nutztierwissenschaften der Universität für Bodenkultur,
Gregor-Mendel-Straße 33,
A-1180 Wien,
Fax 0043-1-3105175

Wein- und Obstbau

Ökologischer Weinbau
Forbildungskurs vom 15. - 17.01.1996
Näheres:
Katholische Landvolkshochschule St. Ulrich,
D-79283 Bollschweil,
Tel.: 07602-91010

Einführungskurs in den ökologischen Obstbau
vom 24. - 27.01.1996
Näheres:
Anmeldung bis zum 15.12.1995
bei der Fördergemeinschaft Ökologischer Obstbau (FÖKO) e.V.,
Kurt Fichtner, Traubenplatz 5,
D-74189 Weinsberg

Ökologischer Weinbau
Einführungskurs vom
29.01. - 02.02.1996
Näheres: Katholische Landvolkshochschule St. Ulrich,
D-79283 Bollschweil,
Tel.: 07602-91010

Sonstiges

Orientierungshilfen für das persönliche und berufliche Weiterkommen der Jugend auf dem Lande
Kurs vom 08.01. - 19.02.1996
Näheres: Bauernschule Hohenlohe,
D-74592 Kirchberg an der Jagst-Weckelweiler,
Tel.: 07954-328

Die Verordnung 1935/95/EG vom 22. Juni 1995 zur Änderung der Verordnung 2092/91/EWG »Ökologischer Landbau/ Biologische Landwirtschaft«
Seminar
am 26.01.1996 in Freiburg
Näheres:
Dr. Manon Haccius, AGÖL e.V.
Baumschulenweg 11,
D-64295 Darmstadt

Der Kiebitz und die Problematik von Grünlandschutzprogrammen (103)
vom 01. - 03.03.1995
Biologie und Ökologie des Kiebitz, nachhaltige Entwicklung von Grünlandlebensräumen.
NABU-Akademie Gut Sunder, Winsen/Aller
Tel.: 05056/367

Naturnaher Wald zwischen Prozeßschutz und nachhaltiger Nutzung (Nr. 107)
vom 29. - 30.04.1996
NABU-Akademie Gut Sunder, Winsen/Aller
Tel.: 05056/367

IFOAM 1996
11th International Scientific Conference of the International Federation of Organic Agricultural Movements
vom 11. - 15.08. 1996
Down to earth – and further afield
Correspondance address: IFOAM '96, Blegdamsvej 4, I.,
DK-2200 Copenhagen N, Denmark,
Tel.: 0045-35372096, Fax -4096

Messen

Bio Fach '96
Die Weltfachmesse für Naturkost und Naturwaren
vom 07. - 10.03.1996
Näheres: Sunder & Rottner,
Von Vollmer-Str. 4,
D-91154 Roth

Nach Redaktionsschluß

Gänse gegen Unkraut

Gänse bekämpfen auf Norwegens Bio-Kartoffeläckern das Unkraut. Während zwischen den Reihen die Hacke lästige Konkurrenzpflanzen beseitigt, ist die Bekämpfung auf dem Damm schwierig. Da kommen die Gänse gerade recht: Sie pikken das Unkraut heraus, lassen aber die giftigen Blätter der Kartoffeln in Ruhe.
Quelle: Flur und Furche, Deere & Company, Herbst 1995, Seite 17

Unökologische Saugmäher

Keine Arbeitserleichterung bieten neuartige Saugmäher für ökologisch Orientierte. Zwar saugen die Maschinen beim Rasenmähen im Herbst das Laub gleich mit auf, aber gleichzeitig verschlingt die Maschine auch Mäuse, Frösche, Insekten und Spinnen. Da hilft nur eins: Erst Laub rechen, dann Rasen mähen. Noch besser: Unter Büschen und Hecken kann das Laub ruhig liegenbleiben und Kleintieren bis hin zur Nachtigall ein Zuhause bieten.
Aus Kraut und Rüben, 11/95, Seite 46

Anleitung zum

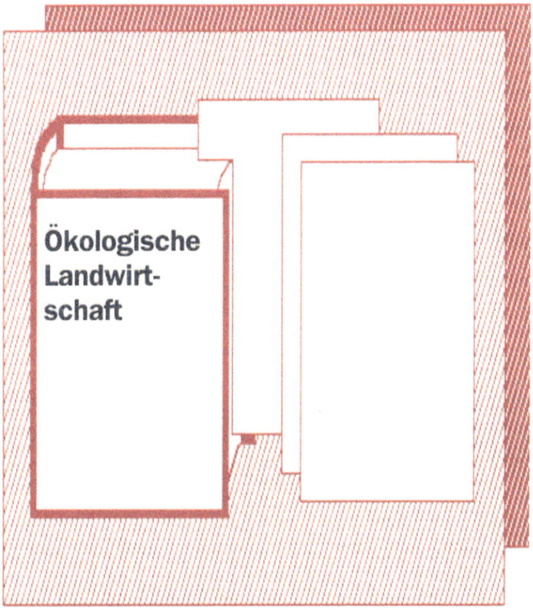

Einsortieren

Folgelieferung Dezember 1995

Sehr geehrter Abonnent, sehr geehrte Abonnentin,

die neueste Folgelieferung für Ihr *SpringerLoseblattSystem Ökologische Landwirtschaft* bringt Ihnen praxisnahe und fachbezogene Informationen zu Ackerbau, Viehzucht, Vermarktung und anderen Aspekten der Landwirtschaft und gibt Ihnen praktische Arbeitshilfen in die Hand.
Die beste Information ist nur dann sinnvoll, wenn sie auf Abruf bereitsteht. Aus diesem Grund bitten wir Sie, die Folgelieferung entsprechend dieser Anleitung möglichst sofort einzuordnen. So haben Sie die Sicherheit, daß nichts verloren geht, alles übersichtlich ist und Sie immer auf dem neuesten Stand des Wissens bleiben. Mit einem Satz: das Einsortieren bedeutet fünf Minuten Mühe, die sich lohnen!
Und so machen Sie es:

Ihr Werk, das nehmen Sie heraus:		**Diese Folgelieferung, das ordnen Sie ein:**	
Das Titelblatt (Schmutztitel)	1 Blatt	Das neue Titelblatt (Schmutztitel)	1 Blatt
Sektion 00, Wegweiser			
Das Inhaltsverzeichnis der Sektion 00	1 Blatt	Das aktualisierte Inhaltsverzeichnis der Sektion 00	1 Blatt
Das Kapitel 00.03: »Inhaltsübersicht«	3 Blatt	Das aktualisierte Kapitel 00.03: »Inhaltsübersicht«	3 Blatt
Das Kapitel 00.04: »Autorenverzeichnis«	2 Blatt	Das aktualisierte Kapitel 00.04: »Autorenverzeichnis«	2 Blatt

Sektion 02, Pflanzenbau			
Das Inhaltsverzeichnis der Sektion 02	1 Blatt	Das aktualisierte Inhaltsverzeichnis der Sektion 02	1 Blatt
		Das neue Kapitel 02.05 Teil 4: »Dinkel«	3 Blatt
		Das neue Kapitel 02.05 Teil 9: »Zwischenfrüchte«	2 Blatt
		Das neue Kapitel 02.05 Teil 10: »Untersaaten im Getreide«	2 Blatt
		Das neue Kapitel 02.06 Teil 1: »Biologische Obstproduktion«	10 Blatt
Sektion 04, Nutztiere			
Das Inhaltsverzeichnis der Sektion 04	1 Blatt	Das aktualisierte Inhaltsverzeichnis der Sektion 04	1 Blatt
		Das neue Kapitel 04.07 »Ökologischer Stallbau«	26 Blatt
		Das neue Kapitel 04.08 Teil 6: »Versorgung mit Spurenelementen«	2 Blatt
Sektion 08, Vertrieb			
Das Inhaltsverzeichnis der Sektion 08	1 Blatt	Das aktualisierte Inhaltsverzeichnis der Sektion 08	1 Blatt
		Das neue Kapitel 08.08 »Großverbraucher«	12 Blatt

Sektion 12, Allgemeines			
Das Inhaltsverzeichnis der Sektion 12	1 Blatt	Das aktualisierte Inhaltsverzeichnis der Sektion 12	1 Blatt
		Das neue Kapitel 12.02 »Statistiken« Teil 1: »Strukturdaten nach der EU-Bioverordnung«	1 Blatt
		Das neue Kapitel 12.06 »Ausbildungsmöglichkeiten«	9 Blatt

Ökologische Landwirtschaft

Pflanzenbau – Tierhaltung – Management

Herausgegeben von
I. Lünzer und H. Vogtmann

Redaktion
R. Knauer

Mit Beiträgen von
G. Alvermann, E. Boehncke, U. Böttcher, B. Burdick, F. Conrath, W. Dreyer, U. Ebert, S. Erhardt, D. Fölsch, P. von Fragstein, A. Franzmann, B. Freyer, M. Friebl, B. Glaeser, M. Haccius, U. Hampl, R. Hermanowski, B. Hörning, J. Jungehülsing, B. Kaiser-Heydenreich, R. Knauer, W. Kress, K. Kreuzer, C. Krutzinna, H. Kuhnert, A. Löhr, I. Lünzer, A. Meier-Ploeger, G. Postler, P. Przybilla, F. Rau, H. J. Reents, L. Reh, R. Roehl, F. Sattler, E. Scheller, J. Schneider, L. Schulze Pals, K. L. Schweisfurth, J. Schneider, J. Spranger, F. Thomas, H. Vogtmann, F. Weibel, H. Weismantel, B. Wirthgen, W. Xylander

Springer-Verlag Berlin Heidelberg GmbH

Impressum

Herausgeber:
Dipl.-Ing. agr. I. LÜNZER
Stiftung Ökologie und Landbau,
Bad Dürkheim

Prof. Dr. sc. tech., H. VOGTMANN
Präsident des Hessischen Landesamtes für Regionalentwicklung und Landwirtschaft,
Kassel

Redaktion:
Dr. rer. nat. R. KNAUER
Ilmenau 2
96160 Geiselwind

Projektentwicklung/Zentralredaktion
Dr. med. N. STILLER,
E. BIEBER
med-inform
Schneider-Wibbel-Gasse 4
40213 Düsseldorf

Satz:
K. FLEMING

Visuelles Konzept:
MetaDesign, Berlin

Geschäftliche Post bitte ausschließlich an
den Springer-Verlag Berlin Heidelberg GmbH.
Auftragsbearbeitung
zu Händen von Frau R. ASSMANN
Postfach 31 13 40
10643 Berlin

ISBN 978-3-540-60702-1
ISBN 978-3-662-25238-3 (eBook)
DOI 10.1007/978-3-662-25238-3

Sektion 00, Wegweiser

Inhaltsübersicht der Sektionen und ihrer Kapitel

Mit ● markierte Kapitel behandeln eingehend die ökonomischen Vor- und Nachteile der ökologischen Wirtschaftsweise. Weitere Kapitel mit diesem Aspekt werden vorbereitet. (Die mit der Folgelieferung Dezember '95 gelieferten Beiträge sind hellrot unterlegt)

Folgelieferung Dezember '95

– Wird fortlaufend ergänzt –

Sektion 03, Grünland

– Weitere Beiträge in Vorbereitung –

Sektion 04, Ökologische Nutztieraufzucht und -haltung

– Weitere Beiträge in Vorbereitung –

Sektion 05, Landtechnik und Bauwesen

Sektion 06, Betriebsmanagement

Sektion 07, Verarbeitung, Lagerung

Sektion 08, Marketing und Vertrieb

Autorenverzeichnis

ALVERMANN, GUSTAV,
Dipl. -Ing. agr., Ökoring Walsrode

BOEHNCKE, ENGELHARDT,
Prof. Dr. med. vet., Fachbereich 11, Fachgebiet Ökologische Tierhaltung, Universität Gesamthochschule Kassel, Witzenhausen

BÖTTCHER, UTE,
Projektgruppe »Qualifikationslehrgang Umweltschutzexpertin«, Bonn

BURDICK, BERNHARD,
Dipl.-Ing. agr., Enquete-Kommission »Schutz der Erdatmosphäre«, Deutscher Bundestag, Bonn

CONRATH, FELIZITAS,
Dipl.-Psych., Projektgrupe »Qualifikationslehrgang Umweltschutzexpertin«, Bonn

DREYER, WILFRIED,
Dipl.-Ing. agr., Ökoring, Walsrode

EBERT, ULRICH,
Dipl.-Ing. agr., Ökoring Walsrode

ERHARDT, SUSANNE,
Dipl.-Ing. agr., Bioland, Göppingen

FÖLSCH, DETLEF,
Prof. Dr. med. vet., Fachbereich 11, Fachgebiet: Nutztierethologie und artgemäße Tierhaltung, Universität Gesamthochschule Kassel, Witzenhausen

VON FRAGSTEIN, PETER,
Dr., Privatdozent für Ökologischen Landbau an der Universität Gesamthochschule Kassel in Witzenhausen

FRANZMANN, ANNETTE,
Dipl.-Ing. agr., Ökoring, Walsrode

FREYER, BERND,
Dr. Ing. agr., Fachgruppenleiter Landschaftsökonomie und Landschaftsökologie im Forschungsinstitut für Biologischen Landbau, Oberwil, Schweiz

FRIEBL, MONIKA,
Dipl.-Ing. agr., Projektgruppe »Qualifikationslehrgang Umweltschutzexpertin«, Bonn

GLAESER, BERNHARD
Prof. Dr. phil., Lehrstuhl Humanökologie, Universität Göteborg/Schweden

HACCIUS, MANON,
Dr. sc. agr., Arbeitsgemeinschaft Ökologischer Landbau, Darmstadt

HAMPL, ULRICH,
Dipl.-Ing., Stiftung Ökologie und Landbau, Bad Dürkheim

HERMANOWSKI, ROBERT,
Dr. agr., Arbeitsgemeinschaft Ökologischer Landbau und Bioland, Frankfurt/Main

HÖRNING, BERNHARD,
Dipl.-Ing. agr. Dipl.-Ing. ökol. Umweltsicherung, Fachbereich 11, Fachgebiet Nutztierethologie und artgemäße Tierhaltung, Universität Gesamthochschule Kassel, Witzenhausen

JUNGEHÜLSING, JOBST,
Dipl.-Ing. agr., Bundesministerium für Ernährung, Landwirtschaft und Forsten

KAISER-HEYDENREICH, BARBARA,
Dipl.-Ing. (FH) Gartenbau, München, Vorstand Gesellschaft für Boden, Technik, Qualität; Bundesverband für Ökologie in Land- und Gartenbau (BTQ)

KNAUER, ROLAND,
Dr. rer. nat., Freier Journalist für Naturwissenschaften, Geiselwind

KRESS, WALTER,
Kress und Co. GmbH, Umweltschonende Landtechnik, Neuenstadt-Stein

KREUZER, KAI,
Dipl.-Ing., BLATTgrün Buchversand, Lauterbach

KRUTZINNA, CHRISTIAN,
Dr. ing., Fachbereich 11, Fachgebiet Ökologische Tierhaltung, Universität Gesamthochschule Kassel, Witzenhausen

KUHNERT, HEIKE,
Dipl.-Ing., Fachbereich 11, Fachgebiet Agrarmarktlehre/Marketing, Universität Gesamthochschule Kassel

LÖHR, ANNETTE,
Dipl.-Ing. agr., Projektgruppe »Qualifikationslehrgang Umweltschutzexpertin«, Bonn

LÜNZER, IMMO,
Dipl.-Ing. agr., Stiftung Ökologie und Landbau, Bad Dürkheim

MEIER-PLOEGER, ANGELIKA,
Prof. Dr. agr., Fachgebiet Ernährungsökologie am Fachbereich Haushalt und Ernährung der Fachhochschule Fulda

POSTLER, GÜNTHER,
Dr., Arbeitsgemeinschaft Rinderzucht auf Lebensleistung, Oberschleißheim

PRZYBILLA, PETER,
Dr., Hessische Landesanstalt für Tierzucht Neu Ulrichstein, Homberg/Ohm

RAU, FLORIAN,
Dipl.-Ing. agr., Ökoring, Walsrode

REENTS, HANS JÜRGEN,
Dr., Koordinator für ökologischen Land- und Gartenbau, Technische Universität München/Weihenstephan

REH, LINDA,
Projektgruppe »Qualitätslehrgang Umweltschutzexpertin«, Bonn

ROEHL, RAINER,
Dipl. oec. troph., Frankfurt am Main

SATTLER, FRIEDRICH,
Landwirt auf dem Talhof, Heidenheim

SCHELLER, EDWIN,
Dr. Ing., Dipl.-Ing. agr., KWALIS Qualitätsforschung Fulda GmbH, Dipperz

SCHNEIDER, JÜRGEN,
Dipl.-Ing. agr., Ökoring, Walsrode

SCHULZE PALS, LUDGER,
Dr. agr., Ref. IIA5, Ministerium für Umwelt, Raumordnung und Landwirtschaft, Düsseldorf

SCHWEISFURTH, KARL LUDWIG,
Schweisfurth-Stiftung, München und Herrmannsdorfer Landwerkstätten in Glonn bei München

SPRANGER, JÖRG,
Dr. ing., praktischer Tierarzt (Homöopathie), Wuppertal

THOMAS, FRIEDER,
Dipl.-Ing., AG ländliche Entwicklung, Fachbereich 13, Universität Gesamthochschule Kassel

VOGTMANN, HARTMUT,
Prof. Dr. sc. tech., Präsident des Hessischen Landesamtes für Regionalentwicklung und Landwirtschaft, Kassel

WEIBEL, FRANCO,
Dr. ing. agr. ETH, Physiologe, Forschungsinstiut für biologischen Landbau, Oberwil, Schweiz

WEISMANTEL, HUBERT,
Direktvermarkter/Haus-Service, Langendorf

WIRTHGEN, BERND,
Prof. Dr. sc. agr., Fachbereich 11, Fachgebiet Agrarmarktlehre/Marketing, Universität Gesamthochschule Kassel, Witzenhausen

XYLANDER, WULF,
Dr. agr., Vorstandsmitglied des Vereins Thüringer Ökoherz e.V., Wuhlsbornerstr. 2, 99427 Weimar/Schöndorf

Sektion 02, Ökologischer Pflanzenbau

Folgelieferung Dezember '95

Teil 4: Dinkel
von ULRICH EBERT
(Stand: Dezember '95)

Teil 5: Roggen

Teil 9: Zwischenfrüchte
von WILFRIED DREYER
(Stand: Dezember '95)

Teil 10: Untersaaten im Getreide
von WILFRIED DREYER
(Stand: Dezember '95)

Teil 11: Biologie der wichtigsten Getreideschädlinge

Teil 12: Mutterkorn
von ANNETTE FRANZMANN
(Stand: August '95)

02.06 Obstbau

Teil 1: Biologische Obstproduktion
von FRANCO WEIBEL
(Stand: Dezember '95)

02.07 Gemüseanbau

Teil 1: Kopfkohl
von FLORIAN RAU
(Stand: September '94)

Teil 2: Knollensellerie
von FLORIAN RAU
(Stand: September '94)

Teil 3: Porree
von FLORIAN RAU
(Stand: September '94)

Teil 4: Feldsalat
von FLORIAN RAU
(Stand: August '95)

Spezieller Pflanzenanbau Teil 4: Dinkel

Vorspann: Geschichte, Eigenschaften, Botanische Einordnung, Standortansprüche, Aussaat, Sorten, Qualität, Grünkernherstellung, Ernte, Entspelzen

Ulrich Ebert

Geschichte

Der Dinkel (Triticum Spelta L.), auch Spelz genannt, gehört zu den sehr alten Kulturpflanzen, von dessen Nutzung prähistorische Funde in ganz Mittel- und Osteuropa bis zum Iran zeugen. Das Entstehungsgebiet der Weizenart Dinkel war wahrscheinlich Südwestasien. Die Anbauschwerpunkte in Europa lagen in der Vergangenheit in den oberrheinischen Regionen der Schweiz, Baden-Württemberg und Elsaß sowie in Polen und Südengland.

In der vorrömischen Zeit war Dinkel neben Gerste, Hirse und Emmer die Hauptgetreideart in Nordeuropa. Er wurde später vielerorts durch den von den Römern eingeführten Weichweizen verdrängt, der in der Verarbeitung einfacher zu handhaben ist und durch die Züchtung Ertragsvorteile mitbrachte.

Im 19. Jahrhundert befanden sich die wesentlichen Anbaugebiete im Siedlungsraum der Alemannen, im Schwabenland und der südlichen Rheinebene, sowie der Schweiz. Allein in Baden-Württemberg standen Mitte des 19. Jahrhunderts noch 200.000 ha Dinkel gegenüber 12.000 ha Weichweizen. Dort erhielt sich auch nach dem 2. Weltkrieg ein kleiner werdendes Anbaugebiet. Durch die Intensivierung der Landwirtschaft und verbesserte Weizenzüchtungen wurde der Dinkel immer stärker auf Grenzertragsstandorte und Berglagen verdrängt.

Im klassischen deutschen Anbaugebiet, dem Bauland im Norden Baden-Württembergs wurden 1987 noch 380 ha Dinkel mit 840 t Ertrag angebaut. Erst in jüngster Zeit, seit Mitte der 80er Jahre, wird Dinkel wieder verstärkt produziert. Einerseits wurde er von der ökologischen Anbaubewegung als eine für diese Wirtschaftsweise geeignete Kulturpflanze entdeckt, andererseits bevorzugt die Vollwertbewegung Dinkel als ein attraktives, gesundes Lebensmittel.

Die Dinkelbauern im Bauland schlossen sich zur Vereinigung fränkischer Grünkernerzeuger Boxberg e.V. zusammen. Die ökologischen Anbauer in der Region gründeten die Bundschuh Berufsgenossenschaft, die dort den

Folgelieferung Dezember '95

Widerstand gegen eine Daimler Benz-Teststrecke erfolgreich organisierte. Gleichzeitig sollte durch Anbau und Vermarktung von Grünkern und Dinkel eine ökonomische und ökologische Alternative in der Region Boxberg geschaffen werden.

In den Schriften der heiligen Hildegard von Bingen, einer mittelalterlichen Äbtissin (1098-1170), wurde Dinkel folgendermaßen charakterisiert: »Spelz ist das beste Getreide..... fettig und kraftvoll und feiner als alle anderen Körner. Er macht dem Essen ein rechtes Fleisch und bereitet ihm richtiges Blut. Das Gemüt macht er froh und die Gesinnung heiter.« Dieser Ruf läßt den Dinkel zur Zeit im Naturkostmarkt eine starke Nachfrage erfahren.

Eigenschaften

Besonders bei Allergien auf Getreide-Eiweiß soll Dinkel eine bessere Verträglichkeit zeigen. Untersuchungen des Eiweißes, der Aminosäure und Mineralstoffe des Dinkel bestätigen dagegen die große Verwandtschaft zum Weizen und geben bisher keine eindeutigen Belege hinsichtlich des besseren Ernährungswertes.

Dinkel ist eine Weizenart, die aufgrund ihrer Eigenschaften mehr in eine extensive Wirtschaft paßt als in eine intensive. Die Rohproteingehalte der Dinkelsorten sind bei vergleichbaren Anbaubedingungen gegenüber Weizen oft höher. Der Ertrag an geschälten Körnern ist dagegen meist geringer. Der Verdünnungseffekt des Korneiweißes ist bei Dinkel durch geringere Erträge und des Spelzenanteils von rund 30% gegenüber Weizen geringer. Der Anteil an Klebereiweiß ist dagegen hoch und das Backverhalten des Dinkel wird allgemein als sehr gut eingestuft.

Der Dinkel hat mittlerweile auch in Norddeutschland in den letzten zehn Jahren seine Marktnische im ökologischen Landbau und im Naturkost-Bereich ausgebaut. Seit Anfang der neunziger Jahre schien der Dinkelmarkt im Vergleich zum übrigen Öko-Getreidemarkt überproportionale Steigerungen zu haben, der Anbau wurde für einen größeren Kreis von Landwirten interessant.

Botanische Einordnung

Dinkel (Triticum spelta auch Spelz oder Spelzweizen genannt) ist eine dem gewöhnlichen Weizen (Nacktweizen, Triticum aestivum) eng verwandte Weizenform, die im Gegensatz zu Emmer und Einkorn aber genau wie Weizen ebenfalls einen hexaploiden Chromosomensatz aufweist.

Auffälligste *botanische Besonderheit* des Dinkels ist die lange, lockere und schmale Ähre. Beim Drusch bleiben die Körner durch den festen Spelzenschluß bespelzt, und die brüchige Spindel zerfällt in sogenannte Veesen. Diese bestehen aus den einzelnen Spindelgliedern und den unbegrannten Ährchen mit zwei bis drei Körnern. Die Ernteware muß daher ähnlich wie Hafer vor der Vermahlung entspelzt werden. Bei der Saat und Keimung hat das im Spelz eingeschlossene Korn Vorteile, da es sehr gut gegen bodenbürtige Schädlinge und Erreger geschützt ist.

Auffällig ist der hohe Wuchs des Dinkel mit einer Pflanzenlänge, die dem Roggen vergleichbar ist. Die Lagerneigung des Dinkels ist relativ hoch, besonders bei guter Stickstoff-Nachlieferung des Bodens.

Die Jungpflanze unterscheidet sich durch ihren stärker kriechenden Wuchs und durch behaarte Blätter vom Weizen.

Standortansprüche

Dinkel wächst im Gegensatz zu Weizen auch auf schwächeren Standorten recht gut. Auf flachgründigen Kalk- und Gesteinsböden im Bergland und auf sandigen Böden hat der Dinkel nach Erfahrungen aus Norddeutschland befriedigende Ergebnisse gebracht.

In der Fruchtfolge steht der Dinkel aufgrund der nachgesagten Anspruchslosigkeit häufig nach Getreide oder Hackfrucht am Ende der Fruchtfolge. Auf eine Stellung nach aufbauenden Fruchtfolgegliedern wie Körnerleguminosen oder Kleegras reagiert der Dinkel dagegen ebenso wie Weizen mit guten Ertragssteigerungen. Gerade der Dinkel-Boom der letzten Jahre mit stabilen Erzeugerpreisen bei sonst sinkenden Getreidepreisen läßt es betriebswirtschaftlich sinnvoll erscheinen, den Dinkel auf Weizenstandorten mit entsprechender Fruchtfolgestellung anzubauen. Gute Vorfrüchte sind daher Kleegras, Luzerne, Raps oder auch Hackfrüchte und Ackerbohnen.

Die Brutto-Ernteerträge aus Korn und Spelzen können dann entsprechend gute Weizen-Durchschnittserträge (40 dt) erreichen. Begrenzend wirkt hier letztlich die Lagergefahr des langstrohigen Dinkels.

Aussaat

Generell hat Dinkel ähnliche Ansprüche an Boden, Saat und Pflege wie Weizen. Die Saatbettbereitung sollte etwas tiefer erfolgen. Die bespelzten Veesen werden vier bis fünf Zentimeter tief ausgedrillt. Der günstigste Saatzeitpunkt liegt Anfang bis Mitte Oktober. Spätsaaten sind jedoch möglich, da die Bestockungsfähigkeit bei Dinkel auch im Frühjahr gegeben ist. Die Saatstärke liegt je nach Vorfrucht, Standort und Termin zwischen 200 und 250 kg/ha ungeschälter Dinkel. Das Tausendveesen-Gewicht liegt zwischen 120 und 200 g (Spindel, 2 Körner, Spelzen).

Folgelieferung Dezember '95

Die angestrebte Kornzahl auf dem Quadratmeter beträgt wie bei Weizen rund 300 bis 400 Körner/m^2. Das umschlossene Saatkorn ist im Boden optimal gegen bodenbürtige Keime und Schädlinge geschützt, macht somit eine Beizung überflüssig und erhöht die Robustheit des Dinkels bei ungünstigen Bedingungen. Bei kühlen Temperaturen und stauender Nässe vor dem Auflaufen ist der Keimungsprozentsatz von Dinkel mit Spelz deutlich höher als bei Dinkel ohne Spelz oder bei Weizen.

Striegeleinsatz zur Beikrautregulierung kann bei entsprechenden Gegebenheiten im Frühjahr ebenso problemlos wie bei Weizen erfolgen. Die Jugendentwicklung und Beschattung im Frühjahr ist dagegen im Vergleich zu Weizen relativ gut, so daß der Beikrautdruck meist gering bleibt.

Sorten

In Deutschland sind derzeit hauptsächlich drei Sorten im Anbau: »Bauländer Spelz«, »Schwabenkorn«, »Roquin«. Seit 1995 ist die Sorte »Frankenkorn« neu auf dem Markt. Die alte deutsche Sorte »Bauländer Spelz« hat gute Qualitätseigenschaften und wird bei Dinkelanbau zur Grünkerngewinnung überwiegend verwendet. Auch die Sorte Roquin läßt sich im entsprechenden Reifestadium zu Grünkern verarbeiten. Über die Geschmacksqualität von anderen Sorten als dem Bauländer sind sich die Experten nicht einig.

Die von der Süddeutschen Saatzucht seit 1988 zugelassene Sorte »Schwabenkorn«, weist ebenso wie die Sorte Frankenkorn der Saatzucht Oberlimpurg eine verbesserte Lagerresistenz und geringe Rostanfälligkeit auf. Aufgrund deutlicher Ertragsvorteile ist die belgische Sorte »Roquin« weitverbreitet. Durch Einkreuzung gleicht sie stärker einem weizenähnlichen Typ, was sich zum Beispiel in der Kurzstrohigkeit wie auch durch einen Ertragsvorteil äußert.

Zum Teil befinden sich noch einige Sorten aus der Schweiz im Anbau, die in Deutschland zur Zeit nicht zugelassen sind: »Altgold«, »Oberkulmer Rotkorn«, »Roter Tiroler«, »Ostro«.

Qualität

Bei der Qualitätsbeurteilung im Hinblick auf die Proteinmenge und -qualität der Sorten gibt es wenig einheitliche Ergebnisse. Die Sorte »Bauländer Spelz« hat sehr gute Kleberqualitäten bei hohen Klebermengen und wird daher, wie auch der Schwabenkorn, von Bäckern oft favorisiert. »Roquin« hat bei etwas geringeren Kleberqualitäten ebenfalls hohe Kleberwerte. Die Stickstoffnachlieferung des Standortes während der Kornfüllungsphase beieinflußt die Bildung von Proteinmenge und -qualität stark.

Folgelieferung Dezember '95

Grünkernherstellung

Grünkern ist keine eigenständige Getreideart, sondern ein in der Milch- bis Teigreife (Anfang bis Mitte Juli bei 40 bis 50% Feuchte) geernteter Dinkel, der zwei bis vier Wochen vor der Totreife gedroschen und getrocknet wird. In diesem auch als Rösten bezeichneten Verfahren wird die gedroschene Ware in speziellen Darren zum Teil mit Buchenholzbefeuerung und Raucheinleitung zum Grünkern bereitet. Er zeichnet sich durch ein spezielles Aroma und seinem süßlichen Geschmack aus.

Ernte

Beim Drusch des reifen Dinkels empfiehlt es sich, den Dreschkorb und die Siebe weit zu öffnen sowie Trommeldrehzahl und Wind zu drosseln, damit Bruchkorn vermieden wird und die Ernteverluste gering bleiben. Die Roherträge liegen zwischen 30 und 50 dt/ha.

Entspelzen

Das Nadelöhr der Grünkern- und Dinkelproduktion ist das Entspelzen oder Gerben. Die Körner sind eng vom Spelz umschlossen, so daß zum Vermahlen und Verbacken ein Schälgang nötig ist. Traditionell geschieht das Entspelzen zwischen zwei großen Sandstein-Mahlsteinen mit höckerig-löcheriger Oberfläche und langsamer Drehzahl, sogenannten Oberläufermühlen.

Auch moderne Technik nach dem Prinzip von Entgrannern oder Vertikalschälern wird zum Schälen eingesetzt. Die Trennung von entspelzten und bespelzten Körnern, sowie Bruchkorn nach dem Schälgang ist meist nur mit einem Tischausleser möglich.

Der Anfall an voluminösen Dinkelspelz darf nicht unterschätzt werden. Dieser wird in der Rindviehfütterung als schmackhaftes rohfaserreiches Futter gern eingesetzt.

Dinkelschälmühlen sind besonders in Norddeutschland rar und oft in ihrer Durchsatzkapazität sehr begrenzt. Anfahrtswege von 100-200 km mit Partiengrößen von drei bis acht Tonnen zum nächstgelegenem Dinkelschäler sowie die Mithilfe beim Schälen muß der bäuerliche Betrieb oft einkalkulieren. Die Ausbeute an ganzen Körnern beträgt 55 bis 65% der Rohware. 10 bis 15% Bruchkorn fällt zusätzlich an. Die Kosten des Gerbens mit anschließender Reinigung liegen meist zwischen 18,00 bis 24,00 DM/dt Rohware. Dinkel wird meistens entspelzt gehandelt. Die Lagerung der entspelzten Ware erfordert wegen der hohen Schüttdichte besondere Aufmerksamkeit und eine Belüftungsmöglichkeit. Das Entspelzen mehrerer kleiner Partien ist hinsichtlich des Lagerrisikos günstiger.

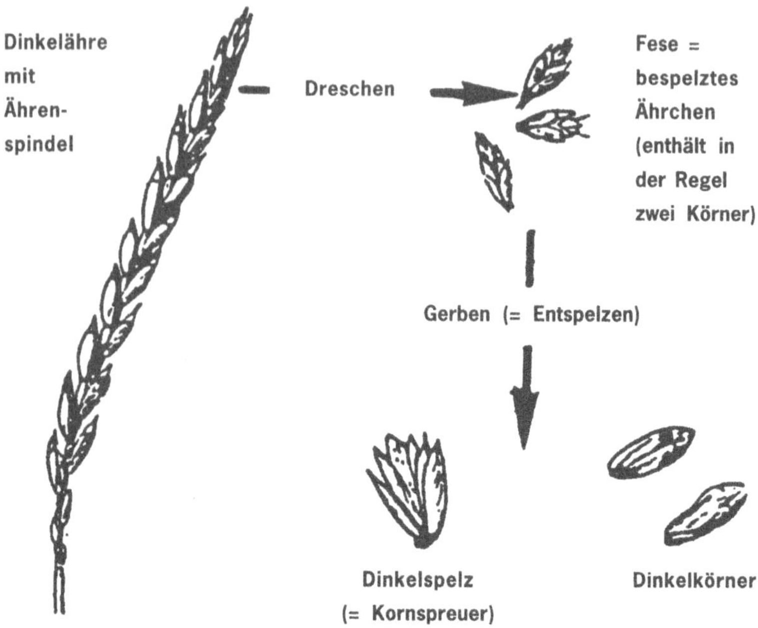

Abb. 1: *Verarbeitung der Dinkelähre*

Wegen der Besonderheiten im Anbau, in der Aufbereitung und Vermarktung des Dinkel, ist dieses Produkt im ökologischen Landbau eine Spezialität, die in begrenztem, aber stetig wachsendem Umfang bisher gute Erlöse erzielen konnte.

Literatur

ALEXANDER BECK, *Kleine Dinkelmonographie, Dinkelackerstiftung, Hohenheimer Dinkel Kolloquium 1991*

Spezieller Pflanzenanbau Teil 9: Zwischenfrüchte

Stoppelsaaten, Winterzwischenfrüchte und Zwischensaaten zur Stickstoffkonservierung

Wilfried Dreyer

Zwischenfrüchte sind in ökologisch bewirtschafteten Betrieben ein zentrales Element, um ausreichend hohe Erträge zu erzielen und um die Bodenfruchtbarkeit zu steigern oder auf einem hohen Niveau zu halten.

Ihr Anbau bietet sich immer an, wenn nach oder vor einer Hauptkultur noch Vegetationszeit zur Verfügung steht, die durch die Zwischenfrüchte genutzt kann.

Sommerzwischenfrüchte

Diese sogenannten Stoppelsaaten (nicht winterharte Stoppelzwischenfrüchte) haben ihren Namen erhalten, da sie im Anschluß an Getreide ausgesät werden. Ziel des Anbaus ist es, die Vegetationszeit nach der Getreideernte bis in den Herbst hinein zu nutzen, um der Folgekultur eine gute Vorfrucht zu bieten.

Auf der einen Seite sollten die Zwischenfrüchte möglichst bald nach der Getreideernte bestellt werden. Zum anderen wird aber oft die Möglichkeit genutzt, nach Getreide eine intensive Stoppelbearbeitung gegen Wurzelunkräuter durchzuführen. Hier gilt es, einen Kompromiß zwischen Zwischenfruchtanbau und Stoppelbearbeitung zu finden, der auf jeder Fläche und in jedem Jahr wieder neu festgelegt werden muß.

Die in Tabelle 1 aufgeführten Beispiele sind Ansaatmischungen, die sich in Niedersachsen bewährt haben. Es gibt sicherlich in den einzelnen Regionen Deutschlands die erprobten Mischungen. Es würde aber den Rahmen sprengen, eine größere Zahl von Beispielen hier aufzuführen.

Der späteste Aussaattermin liegt bei Sommerwicke/Ölrettich und dem Hülsenfruchtgemenge in Norddeutschland am *15. August.* Das Perserkleegras muß spätestens *Ende Juli* eingesät worden sein, damit es eine zufriedenstellende Entwicklung gibt.

Tabelle 1: Sommerzwischenfrüchte (nicht winterhart)			
	Saatmenge kg	DM/ha	Bemerkungen
Sommerwicke Ölrettich	60 10	60 28 88	preisgünstig, universell
Hülsenfrucht-gemenge Ackerbohne Erbse S-Wicke	 40 50 40	 60 55 40 155	schnellwachsend, stark unter-drückend hohe N-Fixierung
Perserklee Welsch. Weidelgras	15 20	87 50 137	zur Futternutzung gut deckend schnellwüchsig

Winterzwischenfrüchte

Als Winterzwischenfrüchte (siehe Tabelle 2) werden solche Gemenge bezeichnet, bei denen die Mischungspartner ganz oder teilweise aus winterharten Arten bestehen. Anders als bei den Stoppelzwischenfrüchten braucht bei den winterharten Arten das Wachstum nicht bis zum Herbst abgeschlossen sein. Werden die Winterzwischenfrüchte vor einer Kultur angebaut, die erst im April, Mai oder Juni gesät oder gepflanzt wird, kann für die Entwicklung auch die Vegetationszeit im Frühjahr genutzt werden. Beim Wickroggen kann sogar eine Aussaat im Oktober vorgenommen werden, bei der dann im Herbst nur noch die Keimung erfolgt; das gesamte Wachstum sich aber erst im Frühjahr vollzieht. Typische Folgekulturen nach winterharten Zwischenfrüchten sind Mais, gepflanztes Gemüse im Mai oder Juni und spät gesätes Gemüse.

Zwischenfrüchte zur Stickstoffkonservierung

Wenn im Boden noch erhebliche Reststickstoffmengen zu erwarten sind, die Vegetationszeit aber schon so weit fortgeschritten ist, daß keine Leguminosengemenge mehr als Zwischenfrüchte angebaut werden können, empfiehlt sich die Aussaat von Zwischenfrüchten zur Stickstoffkonservierung. Unter norddeutschen Bedingungen müssen solche Zwischenfrüchte spätestens bis zum *15. September* ausgesät werden. Eine Ausnahme bildet Winterroggen, der als Zwischenfrucht eingesetzt, auch noch im

Folgelieferung Dezember '95

Tabelle 2: Winterzwischenfrüchte (nicht abfrierend)

	Saatmenge kg/ha	DM/ha	Bemerkungen
Inkarnatklee Welsch. Weidelgras	15 20	63 50 113	preisgünstig auf allen Standorten
Winterwicke Roggen	50 100	140 40 180	langsame Vorwinter-entwicklung, Frühjahrs-Futternutzung möglich
Inkarnatklee Winterwicke Ölrettich/W.Weidelgras	10 30 15	42 84 40 166	wie Landsberger Gemenge; Gründüngung für leichte Böden

Tabelle 3: Zwischenfrüchte zur Stickstoffkonservierung

	Saatmenge kg/ha	DM/ha	Bemerkungen
Gelbsenf	25	50	nicht in Kartoffel-fruchtfolgen (Rattle-Virus)
Ölrettich	25	70	
Winterroggen	150 bis 200	Nachbau	frosthart

Oktober zum Einsatz kommen kann. Bei dieser späten Aussaat von Winterroggen kann nur noch begrenzt rund 30 bis 50 kg Stickstoff je ha aufgenommen werden. Im Vordergrund steht dabei die Begrünung einer Fläche über Winter, um so den Boden vor Wassererosion zu schützen und um das Bodenleben zu fördern.

....

Spezieller Pflanzenanbau Teil 10: Untersaaten im Getreide

Untersaatenmischung und Deckfrüchte, Aussaattermine und -verfahren, Probleme

WILFRIED DREYER

Folgelieferung Dezember '95

Im ökologischen Landbau sind Untersaaten im Getreide wichtig für die Ernährung der Folgefrüchte und für das Bodenleben, das durch die Beschattung und die zugeführte organische Substanz gefördert wird.

Für Betriebe mit Rinderhaltung haben Untersaaten den Vorteil, daß sie schon im Herbst des Ansaatjahres genutzt werden können und ab dem ersten Schnitt des Hauptnutzungsjahres die volle Leistung erbringen.

Zusammensetzung einer Untersaatenmischung und Deckfrüchte

Die Zusammensetzung einer Untersaatenmischung ist von der beabsichtigten Nutzungsform und von der Deckfrucht abhängig.

Die Stärke der Konkurrenzkraft der Deckfrüchte nimmt, in der Reihenfolge Gerste – Weizen – Hafer – Roggen zu.

In einer Kleegrasmischung für den Futterbau können neben Deutschem Weidelgras auch noch andere Gräser enthalten sein. Mögliche Mischungspartner sind Wiesenschwingel, Wiesenlieschgras oder Knaulgras.

Es gibt noch zahlreiche andere Möglichkeiten, eine für den Standort optimale Untersaat zusammenzustellen. So können auch Schwedenklee, Luzerne und Seradella in Untersaatenmischungen enthalten sein.

Aussaattermine und -verfahren

Entscheidend für die erfolgreiche Entwicklung einer Untersaat ist die Wahl des richtigen Aussaattermines und des geeigneten Gerätes zur Ausbringung. Eine Untersaat kann entweder mit der Drillmaschine oder mit einem pneumatischen Düngerstreuer ausgebracht werden. Ein lockerer Boden verbessert in jedem Fall den Feldaufgang.

Allgemein gilt: Je höher der Ertrag vom Getreide ist, desto schwächer entwickelt sich die Untersaat. Bei starken Deckfrüchten mit hohem Ertragsniveau kann eine Untersaat auch gänzlich mißlingen, wenn die Beschattung zu groß ist. Als Faustregel gilt, daß ab Getreide-

Tabelle 1: Zusammensetzung einer Untersaatenmischung in Abhängigkeit von den Deckfrüchten

Nutzungsform	Saatmischung	Preis	Bemerkungen
Gründungung	4 kg/ha Weißklee 12 kg/ha Welsches Weidelgras	80 DM/ha	in allen Getreidearten einsetzbar
	6 kg/ha Weißklee	65 DM/ha	
Ackerfutter	6 kg/ha Rotklee 4 kg/ha Weißklee 15 kg/ha Deutsches Weidelgras	150 DM/ha	nur in »starke« Deckfrüchte einsäen (Roggen, Hafer)

erträgen von rund 40 dt/ha eine Untersaat von Getreide zu stark unterdrückt werden kann.

- *früher Saattermin (März - Anfang April):*
  Bei stark verkrustetem Boden ist nach ausreichender Abtrocknung zu striegeln oder zu hacken, um ein geeignetes Saatbett für die Untersaat zu schaffen.
- *späte Drillsaat nach einer Unkrautregulierung (April - Mai):*
  Bei diesem späten Termin muß die Untersaat in ein durch die mechanische Unkrautregulierung ausreichend gelockertes Saatbett ausgebracht werden. Nicht mit Boden bedecktes Saatgut läuft bei Trockenheit nicht auf oder kann nach erfolgter Keimung vertrocknen.

Auch bei einem hohen erwarteten Ertragsniveau kann eine Untersaat erfolgreich angebaut werden, wenn der Reihenabstand erweitert wird. Versuche zeigen, daß selbst bei Reihenabständen von 40 – 60 cm noch optimale Getreideerträge zu erzielen sind.

In Gebieten mit häufiger Frühjahrstrockenheit sollte die Untersaat möglichst früh ausgebracht werden, damit die Winterfeuchtigkeit für Keimung und Aufgang der Pflanzen genutzt werden kann. Generell sollte die Untersaat um so früher ausgebracht werden, je höher die Wahrscheinlichkeit einer positiven Entwicklung ist.

Bei der Aussaat ist darauf zu achten, daß Untersaaten nicht tiefer als ein Zentimeter abgelegt werden, da Feinsämereien wie Klee und Gras nur eine geringe Keimenergie haben.

Folgelieferung Dezember '95

Bei Sommergetreide ist es möglich, daß die Untersaat in einem Arbeitsgang mit dem Getreide gedrillt wird. Da dann aber eine große Konkurrenzwirkung vom Getreide auf die Untersaat erwartet werden kann und die optimale Saattiefe für Kleegras nicht eingehalten werden kann, ist eine getrennte Aussaat vorzuziehen.

Probleme bei Untersaaten

Ein großes Problem stellt die Ausbreitung von Quecken in Untersaaten dar. Schläge mit starkem Queckenbesatz eignen sich nicht für das Einbringen einer Untersaat. Aber auch bei Schlägen, die nur eine geringe Verqueckung aufweisen, kann sich bei einem lückigen Aufgang der Untersaat die Quecke sehr stark ausbreiten, da sich die Bodenruhe vorteilhaft auf das Queckenwachstum auswirkt. Um einer Verqueckung entgegenzuwirken, muß bei lückigem Aufgang die Untersaat nach der Getreideernte konsequent umgebrochen werden. Eine weitere Ursache für das Auftreten von Quecken nach einer Untersaat kann in einer Verunreinigung im Weidelgrassaatgut liegen.

Über das Kleesaatgut kann Ampfersamen eingeschleppt werden. Auf eine ampferfreie Saatgutqualität ist deshalb unbedingt zu achten.

Literatur

RENIUS/LÜTKE-ENTRUP: *Zwischenfruchtanbau, DLG-Verlag*

Obstbau
Teil 1: Biologische Obstproduktion

Eingeschränkte Steuerung der Naturkräfte, Standortwahl, Anbausysteme, Bauformen und Kronenformierung, Sortenwahl, Wahl der Wurzelunterlage, Bodenpflege, Anbau von Verwertungsobst auf Hochstämmen

Franco Weibel

Folgelieferung Dezember '95

Welche Kunden schätzen und suchen Bioobst?

Früchte haben bei Konsumentinnen und Konsumenten einen besonderen Stellenwert. Sie werden meist so gegessen, wie sie an der Mutterpflanze gewachsen sind: roh und ohne Zubereitung. Beim intensiven Kauen eines Apfels macht sich der Genießer viel eher Gedanken über dessen produktionstechnische Vergangenheit als etwa beim Essen von Teigwaren. Die sehr große Nachfrage nach Bioobst zeigt, wie viele Konsumentinnen und Konsumenten Wert darauf legen, ihre Früchte rückstandsfrei von naturfremden Stoffen und nie von chemisch-synthetischen Pfanzenschutzmitteln durchspült zu genießen. Rein wissenschaftlich-toxikologisch mag diese Ablehnung von nichtnatürlichen Pflanzenschutzmitteln »irrational« scheinen (strenge behördliche Auflagen und Kontrollen). Viele Verbraucherinnen und Verbraucher aber halten ihre persönlich-emotionale Empfindung bei der Nahrungsaufnahme für wichtig.

Eingeschränkte Steuerung der Naturkräfte beim Anbau von Bioobst

Obstgehölze sind mehrjährige und klimasensible Pflanzen. Durch ihre lange Kulturdauer sind die Früchte, aber auch das Laub und die holzigen Teile einem permanenten »Angriff« durch Krankheiten und Schädlingen ausgesetzt. Die Obstproduktion ist aus diesen Gründen generell sehr anspruchsvoll. Obstpflanzen müssen mehrjährig gepflegt und die Früchte gegen zum Teil schwierig zu bekämpfende Krankheiten und Schädlinge geschützt werden. Durch die rigorosen Beschränkungen an Hilfsmitteln im Bioland entstehen für Bioobstproduzenten wesentlich höherere Anforderungen und Produktionsrisiken als im konventionellen Anbau. Werden im Umstellbetrieb nur konventionelle durch biologische Mittel ersetzt, führt das in den meisten Fällen zu obstbaulichen Mißerfolgen. Eine ganzheitliche Systempflege mit vielen indirekten Maßnahmen zur Systemstabilisierung wie zum Beispiel der Erhöhung der Boden- und Pflanzenvitalität oder der Artenvielfalt von Begleitfauna und -flora sind im Bioobstbau entscheidend.

Die wichtigsten Einschränkungen gegenüber dem konventionellen Anbau

- Verzicht auf chemisch-synthetische und damit auch auf systemisch (kurativ) wirkende Fungizide und Insektizide. Der Pflanzenschutz muß sich deshalb ganz auf vorbeugend wirkende Mittel und indirekte Maßnahmen stützen. »Feuerwehrübungen« sind nicht möglich; die Folgen von verpaßten Behandlungszeitpunkten, ungünstigen Witterungsverläufen, natürlicher Massenvermehrung von Schädlingen und anderem lassen sich nicht oder nur sehr beschränkt korrigieren.
- Verzicht auf Ausdünnpräparate: Die Behangsregulierung im frühen Stadium ist eine elementare Maßnahme zur Erzeugung guter Fruchtqualität und regelmäßiger Erträge. Im biologischen Anbau muß die Fruchtausdünnung in Handarbeit durchgeführt werden. Das belastet die betriebliche Arbeitsplanung erheblich und erhöht die Produktionskosten stark.
- Verzicht auf Herbizide: Vor allem junge Obstbäume werden durch Nährstoff- und Wasserkonkurrenz in ihrem noch kleinvolumigen Wurzelbereich in ihrer Entwicklung und Leistungsfähigkeit stark behindert. Die Begleitflora muß im Bioanbau mit teuren und anspruchsvollen Hackgeräten oder Abdecktechniken (Mulchfolien, Rinden- oder Rapsstrohabdeckungen und ähnlichem) reguliert werden.
- Verzicht auf mineralische, leichtlösliche Düngemittel: Kurzfristige Korrekturen von Nährstoffmängeln sind mit den Biodüngemitteln kaum möglich. Die Erhaltung und Verbesserung eines gut strukturierten und biologisch aktiven Bodens sind deshalb im Bioobstbau von existentieller Bedeutung.

Standortwahl

Für den erfolgreichen Anbau von Bioobst kommen aufgrund der beschriebenen begrenzten Möglichkeiten des direkten Pflanzenschutzes nur bevorzugte Lagen in Fragen. Eine hohe Besonnung und gute Durchlüftung der Parzelle sollen den Krankheitsdruck durch die meist feuchteliebenden Pilzkrankheiten wie

Schorf, Rußtaukrankheiten und andere möglichst gering halten. Die Verfügbarkeit von schorfresistenen Sorten sollte nicht dazu verleiten, auch auf schorfdruckgefährdeten Parzellen Obst anzubauen; denn dort könnten zum Beispiel Regenfleckenkrankheiten zu ebenso empfindlichen Ertragsausfällen führen, wie sie sonst durch Schorf entstehen. Ungenügend durchlüftete Lagen sind nicht selten durch Stauung von Kaltluft auch frostgefährdet. Damit die Bäume ausreichend Leistungskraft gewinnen und Streßfaktoren wie Schädlinge, Krankheiten und Klimaereignisse tolerieren können, müssen auch die Bedingungen für die ebenfalls unter starkem Leistungsdruck stehenden unterirdischen Pflanzenorgane gut bis sehr gut sein. Somit müssen in Bioobstanlagen auch die Bodeneigenschaften hohen Ansprüche bezüglich Struktur, Humus- und Nährstoffgehalten, Wasserdurchlässigkeit, biologischer Aktivität und Gründigkeit genügen.

Gute Hilfsmittel für die Standortbeurteilung sind kleinräumige Boden- und Klimakarten. Sie ersetzen aber in keinem Fall die Beurteilung vor Ort, bei der auch betriebliche oder regionale Erfahrungswerte, Zeigerpflanzen, Bodenprofilbeschreibungen und andere Faktoren berücksichtigt werden müssen. An Standorten mit erhöhtem Frost- und/oder Hagelrisiko muß vorab eine Kostenanalyse für nötige Schutzeinrichtungen wie Überkronenbewässerung oder Hagelschutznetz erstellt werden.

Folgelieferung Dezember '95

Anbausysteme

Patentrezepte für Anbausysteme gibt es nicht. Gerade in diesem Bereich werden die Entscheidungen von einer Vielzahl von technischen, marktstrategischen, betriebsstrukturellen, betriebswirtschaftlichen und nicht zuletzt auch emotionalen Faktoren beeinflußt. Diese Faktoren sind zudem ziemlich komplex miteinander verbunden. Um trotz dieser Schwierigkeiten einen Überblick im Entscheidungsprozeß zu gewinnen, sollten BetriebsleiterInnen vor der Erstellung einer Neuanlage einen Entscheidungspfad mit folgenden Schritten beachten (siehe Checkliste auf der folgenden Seite).

Intensive oder extensive Pflanzendichten wählen?

Auf Grund vieler Einschränkungen im Hilfsmitteleinsatz findet man im Biotafelobstbau eher extensivere Anbausysteme. Das heißt, es werden im Vergleich zum konventionellen Anbau eher stärkerwüchsige Unterlagen und weitere Pflanzabstände gewählt. Dadurch kann eine gute, allseitige Durchlüftung und Besonnung jeder einzelnen Baumkrone erreicht und damit gute Voraussetzun-

Checkliste:

Schritt 1

Erstellen Sie eine sorgfältige Stärken/Schwächen-Analyse ihrer bisherigen Anlagen. Diskutieren Sie Ihre Erfahrungen mit möglichst allen Leuten, die regelmäßig dort gearbeitet haben. Formulieren sie für jeden Einzelaspekt die Ziele, die Sie anstreben wollen oder müssen. Die wichtigsten Aspekte und mögliche Antworten sind:

Motivation (vom Betriebsleiter, aber auch seiner Familie und engsten Mitarbeitern):
viel Motivation vorhanden ❑; gerade ausreichend ❑; knapp ❑
Die Motivation muß ausreichen, sich neben den Unterhaltsarbeiten stets durch Literatur, Tagungen und Fachmessen auf dem laufenden zu halten. Der benötigte Aufwand sollte gerade im Obstbau nicht unterschätzt werden.

Arbeitswirtschaft (Arbeitsbedarf absolut und pro Kalenderperiode):
Stand beibehalten ❑; mehr möglich ❑; mehr gewünscht ❑; Abbau notwendig ❑; Abbau nicht gewünscht ❑

Finanzierungsmöglichkeiten:
ausreichend (nötige Investitionsverschuldung auch bei Ausfalljahren verkraftbar) ❑; am Limit (Produktionseinbußen hätten gravierende Folgen für die Betriebsverschuldung) ❑

Vermarktung:
Produktionsmenge:
gleiche ❑; mehr ❑; weniger Menge anbieten ❑
Vermarktungskanäle: bestehende beibehalten ❑; neue erschließen ❑
Zeitpunkt und Dauer der Lieferfähigkeit (Sortenspektrum und Lagerkapazitäten):
beibehalten ❑; verfrühen ❑; verspäten ❑; verkürzen ❑; ausdehnen ❑

Sortiment:
Angebot an Obstarten und -sorten beibehalten ❑; ausdehnen ❑; einschränken ❑

Mechanisierung:
Grössere Erneuerungen nicht notwendig ❑; wünschenswert ❑; ohnehin notwendig ❑

Schritt 2

Informieren Sie sich intensiv über andere Anbausysteme durch Besuche und Diskussionen mit Berufskollegen, bei Versuchsbetrieben und durch Literaturstudium. Konzentrieren sie sich vorläufig ausschließlich auf das Sammeln von Fakten und übernehmen Sie noch keine Werturteile von anderen.

Schritt 3

Ziehen Sie nun die neu gesehenen Systeme in die Stärken-Schwächenanalyse Ihrer bestehenden Anlage mit ein.

Schritt 4

Jetzt haben Sie genügend Grundlagen, um die Anbausysteme in drei Gruppen einzuteilen:
- Für meinen Betrieb nicht interessant
- Für meinen Betrieb prüfenswert
- Für meinen Betrieb sehr interessant

gen für eine effiziente Krankheitsvorbeugung und optimale Fruchtentwicklung geschaffen werden. Die stärkeren, auch in tiefere Bodenschichten dringenden Wurzelunterlagen und die entsprechend an Holzvolumen reicheren Bäume sind tendenziell besser gegen Mangelereignisse wie Trockenheit und/oder Nährstoffknappheit (zum Beispiel durch Konkurrenz der Begleitflora) gepuffert und gewappnet als sehr kleine Bäume mit einem entsprechend kleinen und schnell »ausgebeuteten« Wurzelvolumen. Darüber hinaus ist das mechanische Bearbeiten der Baumstreifen bei weiteren Pflanzabständen wesentlich einfacher als in Dichtpflanzungen. Es gibt aber durchaus Bioobstbetriebe, die mit Dichtpflanzungen von 3,2 m Reihenabstand und 0,6 m Abstand in der Reihe bestens klarkommen und mit diesem System zufrieden sind. Diese Betriebe nehmen höhere Investitionskosten in Kauf und sind sich bewußt, daß sie sich bei der Handausdünnung und der sommerlichen Triebformierung keine Versäumnisse leisten können. Der Aufwand für den Winterschnitt wird hingegen gering.

Die höheren Investitionskosten der »schutzbedürftigeren« Dichtpflanzungen rechtfertigen in vielen Fällen zugleich die Installation einer Bewässerungsanlage und eines Hagelschutznetzes. Doch diese Kostenspirale, in der sich Anbauintensität und Mindest-Input gegenseitig bedrohlich in die Höhe treiben, verstärkt für den Betrieb den finanziellen und nicht zuletzt auch psychischen Druck. »Betriebliche *und* eigene Grenzen erkennen und setzen« ist zu diesem Thema wohl das beste Erfolgsrezept.

Baumformen und Kronenformierung

In allen Anbausystemen sind für den erwerbsmäßigen Anbau von Biokernobst in Tafelqualität niedrige Baumhöhen zu empfehlen. Vor allem die arbeitsintensiven, zwei- und mehrmaligen Durchgänge zur Handausdünnung sowie die Triebformierung während der Vegetationsperiode können mit dem zeitaufwendigen Stellen von Leitern nicht rationell durchgeführt werden. Aus Gründen der Belichtung sollte die Baumhöhe den Reihenabstand (in der Regel zwischen drei und viereinhalb Metern beim Kernobst) nicht überschreiten. WINTER (1980) empfiehlt eine Baumhöhe von der Hälfte des Reihenabstands + 1 m Höhe für das Bodenseegebiet. Für nördliche Regionen schlägt er einen Zusatz von nur 0,5 m und für südliche Gebiete einen Zusatz von 1,5 m vor. Aus arbeitswirtschaftlichen Gründen empfehlen wir in jedem Fall, eine Maximalhöhe von etwa 3 m der fruchttragenden Astpartien nicht zu überschreiten. Bei dieser Höhe kann mit einer leichten und handlichen Trittleiter auch an der Baumspitze leicht Handarbeit verrichtet werden. Die unteren Äste sollten nicht mehr als rund einen Meter

Folgelieferung Dezember '95

rechtwinklig in die Fahrgasse ragen, da sonst der Zugang zum oberen und inneren Bereich der Baumkrone mühsam wird.

Unabhängig vom Anbausystem ist ein ausreichend starke, langlebige und arbeitsfreundliche Gerüstkonstruktion eine wichtige und lohnende Investion in jeder Obstanlage.

Der Kronenaufbau und die regelmäßigen Formgebungsmaßnahmen müssen sorgfältig auf das Anbausystem abgestimmt sein. Der notwendige Minimalaufwand dieser Arbeiten kann stark variieren und ist deshalb ein wichtiges Kriterium bei der Wahl eines Anbausystems. Dieser Punkt ist bei den vielmals hoch diversifizierten Biobetrieben besonders zu beachten. Es gilt die Tendenz: je dichter die Pflanzung, desto mehr Triebformung wird während der Vegetationsperiode nötig. Engpflanzungen füllen in den ersten zwei Standjahren das vorgesehene Kronenvolumen bereits aus, und die – nicht gerade einfache – Aufgabe des Obstbauern besteht darin, diese Bäume »ruhig« zu halten. Mißlingt dies, fällt auch der Fruchtansatz und die Qualität schlecht aus; die hohen Investitionskosten können nicht amortisiert werden. Bei weiteren Abständen ist eine kräftige vegetative Anfangsentwicklung erwünscht, damit der Standraum innerhalb von vier bis maximal sechs Jahren genutzt werden kann. Diese Bäume werden im Winter relativ stark geschnitten, um das vegetative Wachstum anzuregen. Blütenknospen werden im ersten Standjahr mit Vorteil entfernt. Nennenswerte Erträge sind hier nicht vor dem dritten bis vierten Standjahr zu erwarten. Trotzdem brauchen auch diese Pflanzungen einen sehr aufmerksamen Schutz vor Blatt- und Holzkrankheiten, Nährstoff- und Wassermangel (zum Beispiel durch Konkurrenz der Begleitflora) und vor diversen Schädlingen wie Blattläusen, Wühl- und Feldmäusen sowie vor Wild- und Viehverbiß.

Abb. 1: *Korrekte Spindelformierung ermöglicht hohe Erträge und gute Qualität dank hoher Fruchtholzdichte und optimaler Belichtung (Bild:* F. Weibel/Fibl*)*

Sortenwahl ohne Qual

Vor allem beim Apfel dreht sich das Sortenkarussell zunehmend schneller. Viele neue Sortennamen bei gleichzeitig mangelnder Erfahrung über ihre Produktionseignung erschweren die Wahl. Doch sehen wir es positiv: eine reichhaltige Sortenvielfalt, gerade wenn vermehrt auch krankheitstolerante und -resistente Sorten dazukommen, ist für den Bio-Landbau äußerst wichtig. Bei der Sortenwahl ist die Krankheitsresistenz nur eines von zahlreichen Entscheidungskriterien. An erster Stelle gilt es, die Marktsituation sorgfältig zu prüfen: »Was wünscht meine Kundschaft?« Die betrieblich optimale Sortenwahl kann sehr unterschiedlich ausfallen. Sie hängt unter anderem davon ab, ob die Direktvermarktung oder die Belieferung von Ladenketten angestrebt wird.

Sich im »Sortenwirrwar« zurechtfinden

Einen ersten kunden- oder verkaufsorientierten Überblick erhält man, wenn man die neuen Sorten zu Ähnlichkeits-Gruppen zusammenfaßt. Nach unserem Vorschlag lassen sich sieben sogenannte »Archetypen« unterscheiden, deren nähere Umschreibung in Tabelle 1 aufgelistet ist. Für jeden Archetyp gibt es bereits heute eine oder mehrere resistente Sorten. Erst nachdem der Bioobstbauer geprüft hat, welche Archetypen die Kundschaft in welchen Mengen wünscht, sollte in einem zweiten Schritt geklärt werden, ob es von diesen Archetypen Sorten gibt, die sich auf dem eigenen Betrieb optimal produzieren lassen. (Pflegebedarf, Erntestaffelung, Lagerkapazitäten, gewünschte Anbietphase: Früh-, Herbst-, Lageräpfel). Die Einteilung in Archtypen bietet den großen Vorteil, daß die Anbau- und Verkaufsplanung nicht durch ein kurzfristiges und einseitiges Sorten-Denken dominiert wird. Der Produzent gewinnt so die nötige Flexibilität, um bei voller Befriedigung der Geschmackswünsche seiner Kunden laufend neue, bioanbau-günstigere Sorten anzubauen.

Die Einteilung in Archetypen hat sich auch beim Handel bewährt und ermöglicht eine kundenfreundliche Konsumenteninformation

In der Schweiz hat seit 1995 eine große Ladenkette auf der Ebene des Einkaufes die Einteilung der Apfelsorten in Archetypen versuchsweise eingeführt. Die Fruchteinkäufer bestellen die gewünschten Bioäpfel nicht nach einzelnen Sorten, sondern nach Archetypen. Beim Verkauf an die KundInnen wird dann nochmals vereinfacht über die Geschmacksrichtung der Äpfel informiert. Dabei werden drei Geschmackstypen differenziert:

- »Edelapfel« mit Etikette auf gelben Grund (Archetypen »Golden«, »Maigold« und »Idared«);

- »Snackapfel« mit Etikette auf rotem Grund (Archetypen »Cox« und »Gravensteiner« und »Granny Smith«);
- Vielzweckapfel mit Etikette auf grünem Grund (Archetyp »Boskoop«).

Die Bedeutung der Etikettenfarbe wird nicht auf dem Etikett selbst, sondern auf einer separaten Informationstafel oder auf dem Gebinde erläutert. Neben der Grundinformation über die Etikettenfarbe werden zusätzlich je nach den sortentypischen Geschmackseigenschaften zwei Stichworte wie »mild-süßlich« oder »würzig-aromatisch« auf das Etikett gedruckt. Die Bezeichnung der Sorte ist auf dem Etikett zwar enthalten, tritt jedoch optisch gänzlich in den Hintergrund.

Bei allen anderen Obst- und Beerenarten ist das Angebot an toleranten oder resistenten Sorten noch nicht so reichhaltig wie beim Apfel. Laufend kommen aber interessante Neuerungen hinzu. Wir verweisen deshalb für Details auf die einschlägige Literatur (Faw und Fibl, 1994) und raten, auch Berufskollegen und Berater nach regionalen Erfahrungen zu fragen.

Wahl der Wurzelunterlage

Bei der Wahl der Wurzelunterlage ist sicher die anvisierte Wuchsstärke das wichtigste Kriterium. Darüber hinaus kann die Verträglichkeit mit der Pfropfsorte wichtig sein. Beim Kernobst ist auch die Feuerbrandresistenz einer Unterlage interessant, da Infektionen über junges Gewebe von Stockausschlägen stattfinden kann. In warmfeuchten Gebieten kann die Anfälligkeit von Apfelunterlagen gegenüber Phytophtora-Pilzen ein weiteres Entscheidungskriterium sein.

Viele Versuche haben gezeigt, daß virusfreie Unterlagen etwas starkwüchsiger, aber pro Baumvolumen produktiver sind als virusgetestete. Gerade im Bioanbau, mit einer generell etwas geringen Wüchsigkeit, sind virusfreie Unterlagen vorzuziehen.

Beim Apfel stehen die meisten Unterlagen zur Verfügung, aber auch bei Kirsche, Pflaume und Birne werden immer mehr angeboten. Es ist deshalb nicht sinnvoll, detaillierte Empfehlungen für »bio-taugliche« Unterlagen-Sorten-Kombinationen zu geben, zumal diese je nach geplanter Pflanz- und Pflegeintensität ganz unterschiedlich ausfallen. Wir empfehlen, die Resultate neutraler Prüfstellen und die Erfahrung der regionalen Obstbauern und Berater heranzuziehen. Da über viele der neuen resistenten Sorten zum Zeitpunkt des Kaufes noch kaum Erfahrungen über deren optimale Unterlagenkombination vorliegen, sollten »Experimente« mit »exotischen Unterlagen« auf kleine Flächen beschränkt bleiben, während die Hauptflächen mit bewährten Unterlagen bepflanzt werden.

Tabelle 1: Mögliche Einteilung von für Bioanbau geeigneten Apfelsorten in Gruppen von Archetypen anhand der Eigenschaften von bekannten Sorten (Weibel/Fibl).

Archetyp (AT)	kundenorientierte Sortenmerkmale	Sortenbeispiele für Bioanbau-geeignete Apfel, die ab 1996 in der Schweiz erhältlich sind (nach Reifezeit geordnet)	
		schorfresistent	nicht schorfresistent
AT-Golden	gelb, groß, »schön« (glattschalig, wohlgeformt), sehr guter Geschmack, mild-süßlich	Resista, Delbard Jubilé (feldresistent)	
AT-Maigold	Wie AT-Golden, aber mit roter Deckfarbe	Angold *), Regine Rubinola, Topaz, Victoria	
AT-Idared	mittelgroß, geschmacklich ausgewogen	Delorina *), Florina*), Liberty, Rajka, Rewena	Spartan, Idared
AT-Cox	handlich klein, rustikales Aussehen, kräftiger, eher säuerlicher Geschmack, »Snackapfel«	Rosana, Reanda*), Resi, Renora	Kidds Orange
AT-Boskoop	groß, betont säuerlich, nach Lager lange haltbar, gute Koch- und Backeignung	Otava, Zuzana	Boskoop, (Glockenapfel)
AT-Gravensteiner	baumfrisch-saftig und -knackig, Frühapfel	Retina, Reglindis	Discovery, Alkmene, Primerouge
AT-Granny Smith	wie AT-Gravensteiner, aber Grasgrün	Beaujade	

*) zeigte in unseren Versuchen 1995 hohe Toleranz gegenüber Mehliger Apfelblattlaus

Folgelieferung Dezember '95

Bodenpflege

Im biologischen Obstbau ist die Bodenpflege besonders wichtig, da keine Hilfsmittel zur Verfügung stehen, um in bestehenden Anlagen Bodenmängel kurzfristig zu »kompensieren«. Bei Bodenproblemen und/oder allzu starker Konkurrenz durch die Begleitflora sinkt die Leistungsfähigkeit der Bäume rasch auf ein unwirtschaftliches Maß.

Optimieren des Bodens vor dem Pflanzen

Bodenvorbereiten und Düngung mit P, K und Ca

Bereits vor der Pflanzung geben Beurteilungen der Bodenstruktur an einem Bodenprofil oder mit einer Spatenprobe sowie Untersuchungen der Nährstoffgehalte und eventuell sogar der biologischen Aktivität Aufschluß über etwaige Schwachpunkte eines Bodens. Ohne Probleme läßt sich mit den im biologischen Landbau zugelassenen Düngemitteln entsprechend chemischen Bodenanalyse der Gehalt an Einzelnährstoffen aufbessern. Bedingt durch niedrige Nährstoffentzüge durch das Erntegut und gleichzeitig hoher Empfindlichkeit der Fruchtqualität auf unausgeglichene Nährstoffangebote, sind die gegenseitigen Mengenverhältnisse der Nährstoffe wichtiger als ihre Absolutgehalte. In aktiven Böden kann mit einer gezielten P-, K- und Ca-Gabe vor der Pflanzung der Nährstoffbedarf der ganzen Kulturdauer gedeckt und harmonisiert werden. Die Überprüfung der Düngebedürftigkeit kann in vierjährigen Intervallen mit Bodenproben aus den Baumstreifen abgeklärt werden. Zeigen die Bäume Mangelsymptome oder Leistungseinbrüche, leisten Blattanalysen wertvolle Dienste, um die Ernährungsprobleme gezielt anzugehen. Dabei sollten stets Blätter mit und ohne Mangelsymptome desselben Bestandes eingesandt werden.

Wie die Dosierung von Spezialdüngemitteln sollten auch Gaben von Komposten, Hofdüngern und anderen organischen Stoffen stets dem Nährstoffbedarf angepaßt werden. Diese Materialien sind oft stark K-betont, das führt leicht zu physiologischen Störungen der Früchte wie Stippigkeit.

Abb. 2: *Eine chemische und strukturelle Analyse des Bodens vor der Pflanzung ist die Basis zur Planung der optimalen Bodenvorbereitung und Bodenpflege (Bild:* F. WEIBEL/ FIBL*)*

Beseitigung von Verdichtungshorizonten

Recht häufig findet sich bei der Spatendiagnose eine verdichtete Pflugsohle in 20 bis 30 cm Tiefe. Die Gehölze wurzeln dann in erster Linie im Oberboden. Diesen Bäumen steht nur ein geringes und entsprechend schnell »ausgepumptes« Bodenvolumen zur Verfügung. Zudem haben die Wurzeln von Kräutern und Gräsern in diesem Bodenhorizont deutliche Konkurrenzvorteile. Bei Streß durch Wasser- und/oder Nährstoffmangel haben flach wurzelnde Bäume keine Pufferkapazität, Leistungseinbrüche folgen. Liegen verdichtete Bodenschichten vor, sollte in einer Tiefe von nicht mehr als fünf Zentimeter unter der Problemzone tiefgegrubbert werden. Diese Maßnahme hebt die »Mauer« zu ungestörten, aber durchaus pflanzengünstigen Bodenschichten wieder auf. Unmittelbar nach dem Grubbern sollte die erreichte Gefügelockerung durch Pflanzenwurzeln stabilisiert werden. Je nach Anbauplan und Jahreszeit kann dies mit schnell wachsenden Tiefwurzlern wie Rübsen oder mit der sofortigen Einsaat der zukünftigen Fahrgassenmischung geschehen.

Bodenpflege

Die bodenpflegerischen Eingriffe in bestehenden Anlagen dienen in erster Linie der Konkurrenzregulierung der Begleitflora. Gerade im biologischen Anbau ist es wichtig, sich vom »Schönheitsideal« der »sauberen Baumstreifen« zu lösen und sich auf dieses eigentliche Ziel der Konkurrenzregulierung der Begleitpflanzen zu konzentrieren.

Wann Bodenpflegemaßnahmen vornehmen?

Es gilt die Maxime, nur einzugreifen, wenn es wirklich nötig ist. Daher stellt sich sofort die Frage, wie sich die aktuelle Konkurrenzstärke messen läßt. Leider gibt es dazu noch keine praxisfreundlichen Rezepte. Dafür wären Messgeräte zur Überwachung der Bodenfeuchte und des Stickstoffgehaltes erforderlich, die einfach bedienbar und kostengünstig sind sowie handlungsorientiert interpretierbare Resultate liefern. Ein probates Mittel zur Einschätzung des Wasserbedarfs eines Bestandes sind Fühlproben. Mit dem Spaten oder Bohrstock wird Erde bis in rund 30 cm Tiefe entnommen. Fühlt sie sich überwiegend trocken an, ist die Begrünungskonkurrenz eher zu stark, ein baldiger Hack-Durchgang drängt sich auf. Ungenügende Stickversorgung läßt sich im Mai relativ leicht an den aufgehellten und nur schwächlich wachsenden Rosettenblättern erahnen. Wartet man mit der Konkurrenzregulierung solange, bis auch an den neuen Langtrieben Mangelsymptome sichtbar werden, ist es meist zu spät, um ausreichend wirksam einzugreifen.

Folgelieferung Dezember '95

Meßgeräte
für Feuchte und Stickstoff im Boden

Die Bodenfeuchte kann mit Tensiometern, Gipsblocks und Radar-Sonden bestimmt werden. Tensiometer sind Meßgeräte, die die Saugspannung in den Bodenporen messen. Sie sind preislich günstig, doch benötigt man relativ viele, um ein repräsentatives Resultat zu bekommen. Der Aufwand zur Ablesung und Gerätewartung ist daher groß. Die Meßgeräte mit Radartechnik messen die Ausbreitungsgeschwindigkeit eines elektrischen Feldes durch den Boden entlang von meist drei Sondenstäben. Je mehr Wassermoleküle vorhanden sind, desto langsamer kommt das Feld voran. Dieses Meßprinzip ist viel direkter und genauer als bei Tensiometern. Obendrein wird die Feuchte nicht nur punktförmig, sondern über die ganze Stablänge integriert gemessen. Es sind recht handliche, mobil einsetzbare Einstechsonden auf dem Markt (»Trime-System«; Firma Imko GmbH, Ettlingen, Deutschland). Die Kosten sind allerdings hoch. Zur Messung des Bodenstickstoffgehaltes eröffnet das portable und handliche Schnelltestgerät »MERCK RQFLEX« (Firma E. Merck, Darmstadt, Deutschland) interessante Perspektiven – vor allem bei überbetrieblichem Einsatz. Wir prüfen zur Zeit eine Methode, die zur N_{min}- Berechnung notwendige Bestimmung des Bodenwassergehaltes durch Ofentrocknung zu umgehen und somit alle Meßschritte auf dem Feld auszuführen.

Welche Bodenpflegemethode anwenden?

Grundsätzlich werden im Erwerbsobstbau auf Biobetrieben drei Systeme der Bodenpflege angewandt:

- Permanente natürliche Begrünung der Baumstreifen. Pflege mit tastarmgesteuertem Mulchgerät. Teilweise Mähen von Hand in Stammbereich
- Offenhaltung der Baumzeilen mit Hackgeräten. Einsatz von tastarmgesteuertem Hackgerät. Handhacken um den Stamm.
- Abdecken der Baumstreifen mit organischen Materialien oder Mulchfolien

Hackgeräte bodenschonend einsetzen

Mit den heute verfügbaren Hackgeräten kann eine dichte Begleitpflanzennarbe nicht mehr umgebrochen werden. Vor Wintereinbruch ist deshalb in den meisten Fällen ein zusätzlicher Hackdurchgang nötig, da sonst die Baumstreifen über die Wintermonate allzu dicht überwachsen werden. Damit ist die Bodenoberfläche jedoch während der Wintermonate ungeschützt und anfällig für Verschlämmung und Erosion. Außerdem gehen Nitratvorräte durch Auswaschung verloren. Zur Lösung dieses Problems sind dringend technische und methodische Verbesserungen notwendig.

Die Vor- und Nachteile weiterer, für den Bioanbau in Frage kommende Bodenpflegemethoden sind kurz in Tabelle 2 abgehandelt worden.

Anbau von Verwertungsobst auf Hochstammbäumen

Da die äußeren Eigenschaften beim Verwertungsobst von untergeordneter Bedeutung sind, kann diese Art Obstbau

Tabelle 2: Übersicht zu den im biologischen Anbau angewandten Bodenpflemethoden

Bodenpflege-Methode	Standort-ansprüche	Vorteile	Nachteile	Bemerkungen
Hacken mit tastarmgesteuertem Gerät	Unter rund 8% Handneigung; Boden: strukturstabil; unter 20% Tongehalt; gut dränend; wenig Winterfeuchte und Unkrautdruck	Gut mechanisierbar, verbreitetste biotaugliche Methode; gute Konservierung der Bodenfeuchte; gute Erfahrungen bezüglich Fruchtqualität	Bodenbelastende Methode; stark bewachsene Baumstreifen schwer zu bearbeiten; relativ häufige Durchgänge nötig, Hacken im Sommer kann hohe N-Mineralisierung auslösen (ungünstig für Fruchtqualität und Grundwasser), Sauberhalten der Stammbasis erfordert Handarbeit	Technisch anspruchsvoll; Wurzelschädigungen müssen vor allem bei Jungbäumen vermieden werden
Abdeckung mit Rapsstroh	Boden: muß stark K-bedürftig sein; keine Pflugsohlen oder stauende Schichten; gut durchlüft- und erwärmbar	K-Düngung fördert Regenwürmer sowie biologische und physikalische Bodeneigenschaften. Konserviert viel Bodenfeuchte	Gefahr der K-Überdüngung; Mäusekontrolle erschwert. Dauer nur ein bis zwei Jahre	
Abdecken mit Baumrinde	Keine Pflugsohlen oder stauende Schichten; gut durchlüft- und erwärmbar	Fördert Humusbildung; fördert Regenwürmer sowie biologische physikalische Bodeneigenschaften. Konserviert viel Bodenfeuchte	Mäusekontrolle erschwert. Ausbringung und Material sind teuer	Nur mehr als vier Monate gelagerte Rinde (»Pilzphase« vorbei) verwenden (sonst Schäden durch gasförmige Phenolausscheidungen sowe toxi - schen Pilzausscheidungen

Tabelle 2: Übersicht zu den im biologischen Anbau angewandten Bodenpflemethoden (Forts.)

Bodenpflege-Methode	Standort-ansprüche	Vorteile	Nachteile	Bemerkungen
Abdecken mit Holzhäcksel	Keine Pflugsohlen oder stauende Schichten; gut durchlüft- und erwärmbar	Ähnliche, aber weniger intensiv ausgeprägte Vorteile wie bei Baumrinde; Material ist oft günstiger als Rinde	Unkrautunterdrückende Wirkung ist rein physikalisch, wirkt kürzer als Rinde	Bei kleiner Körnung und bindigem Boden besteht Gefahr einer »Deckelbildung« und dem Luftabschluß des Bodens; Häckselgut von Gemeinden kritisch prüfen
Permanente natürliche Begrünung	Boden: Tiefgründig, regelmäßige Wassernachführung durch Niederschläge und Grundwasseraufstieg	Optimaler Bodenschutz. Hohe biologische Bodenaktivität; Förderung der Artenvielfalt; Geräte einfacher als bei Hackgeräten	Vor allem bei Jungbäumen große Gefahr der Wasser- und Nährstoffkonkurrenz, Mähen im Stammbereich erfordert Handarbeit	Meist erst ab Herbst des 3., eventuell 2. Standjahres möglich; stufenweises Vorgehen empfehlenswert (im ersten Jahr nur eine Hälfte begrünen lassen, die andere weiterhin hakken); keine besonders geeigneten Einsaatpflanzen gefunden; intensive Mäusekontrolle nötig
Abdecken mit Mulchfolie	Für alle Böden	Gute Baumentwicklung; Konserviert Bodenfeuchte ähnlich gut wie Hacken, langlebig, außer bei Verlegung wenig Aufwand	Verlegen und Entsorgen aufwendig; kaum Kontrolle über Mäuseeinwanderung; Düngemöglichkeiten stark eingeschränkt; Mulchen der Fahrgasse erschwert; ästhetisch nicht befriedigend	Im Hinblick auf Wuchs und Fruchtqualität gute Erfahrungen vorhanden. Folie muß seitlich mindestens 10 cm eingegraben sein. Schon geringe Verletzungen der Folie erhöhen das Risiko für Mäusebefall stark

Abb. 3: *Hacken der Baumstreifen mit tastarmgesteuertem Unterschneidmesser und Rotorkrümler (Bild:* F. WEIBEL/FIBL*)*

Abb. 5: *Maschinelles Ausbringen von zwischengelagerter Rinde (Bild:* U. NIGGLI/FIBL*)*

Abb. 4: *Abdecken mit Rapsstroh (Bild:* F. WEIBEL/FIBL*)*

wesentlich extensiver betrieben werden als die Tafelobstproduktion. Für biologisches Verwertungsobst besteht zur Zeit eine rege Nachfrage. Es wird zu Süßmost, Babynahrung und auch Müsli- und Snackriegeln verarbeitet. Die Produktion von Bioverwertungsobst mit Hochstämmen entspricht Ansprüchen an die Landschaftsästhetik und Faunavielfalt in idealer Weise. Die Pflanzung

Abb. 6: *Abdecken mit wasserdurchlässiger Mulchfolie (Bild:* F. WEIBEL/FIBL*)*

Abb. 7: *Begrünte Baumstreifen tastarmgesteuert mulchen (Bild:* A. HÄSELI/FIBL*)*

und Erhaltung von Hochstammbäumen kommt deshalb unbestritten auch der Allgemeinheit zugute. Vermehrt wird diese ökologisch wertvolle Leistung der Landwirte von privaten und öffentlichen Geldern unterstützt. Informieren Sie sich bei Ihrer Beratungsstelle.

Lokale »alte« Sorten und einige neue resistente Sorten sind geeignet

Für den extensiven Apfelhochstammanbau sind mehrfach resistente Sorten mit hohen Zucker- und Säuregehalten sowie guter Saftausbeute wie zum Beispiel die Sorte Remo (Schorf-, Mehltau- und Feuerbrandresistenz) bestens geeignet. Für Babynahrung und Dörrfrüchte empfiehlt sich beispielsweise die für Tafelobst zu druckempfindliche Sorte Sir Prize durch ihre geringe Neigung zur oxidativen Braunverfärbung. Für die Extensivproduktion eignen sich oft auch die alten, lokal bewährten Sorten hervorragend. Damit kann der Extensivanbau wesentlich zur Erhaltung der ursprünglichen Sortenvielfalt beitragen. Diese Leistung wird oft durch private Sortenschutz- und Naturschutzorganisationen unterstützt. Wie bei der Tafelobstproduktion gilt auch bei der Extensivproduktion der Grundsatz, zunächst die Absatzsituation zu klären und sofern möglich, Absatzverträge zu schließen.

Beim Hochstamm die Jungbaumpflege nicht vernachlässigen

Ein junger Hochstamm ist trotz seiner Größe ein empfindliches Lebewesen! Bis sich seine Wurzeln vom Pflanzschock erholt und im neuen Erdreich etabliert haben, braucht der Jungbaum einen ähnlich intensiven Schutz wie Tafelobstbäume. In den ersten vier Standjahren ist besonders der Schutz vor verschiedenen Blattlausarten, Wühlmäusen, Vieh- oder Wildverbiss, Sturmschäden, Trockenheit und vor starker Begleitpflanzenkonkurrenz wichtig.

Der gute Start beginnt mit der Standortwahl und der Sorgfalt beim Pflanzen. Für die Standortwahl gelten die oben erwähnten Grundsätze.

Ein bewährtes Rezept für die Pflanzung eines Hochstammes

- Kurz vor dem Pflanzen nur beschädigte Wurzelspitzen abschneiden, ansonsten an der Wurzel möglichst wenig entfernen
- Meistens lohnt es sich, die Wurzel ganz oder mit einem nach unten offenen Mantel von verzinktem Drahtgitter gegen Wühlmausschaden zu schützen. Die nötige Maschenweite beträgt 13 mal 13 mm oder kleiner. Die Verwendung des nach unten offenen Mantels ist einfacher in der Handhabung, bietet aber weniger Sicherheit
- Eine rund 0,8 bis 1,0 m weite und 0,3 m tiefe Pflanzgrube ausheben; Grasziegel, Humus- und Unterboden getrennt deponieren
- Mäuseschutzgitter (mit Loch für den Baumpfahl) auf den Boden der Pflanzgrube legen
- Den Baumpfahl in südliche Richtung zirka 10 cm aus der Mitte versetzt einschlagen bis er gut festsitzt. Vorzugsweise Pfähle aus Akazienholz wählen, da diese keine Imprägnierung benötigen. Falls diese nicht erhältlich sind, nur mit natürlichen Mitteln und nur an der Basis imprägnierte Pfähle verwenden
- Mit humoser Erde um den Pfahl einen rund 25 cm hohen Pflanzkegel aufschütten
- Den Baum an der Nordseite des Pfahles auf den Pflanzkegel stellen und die Wurzeln »knitterfrei« über den Kegel verteilen. Mit einer quer über die Grube gelegten Latte, die resultierende Pflanztiefe überprüfen. Der Baum darf keinesfalls zu tief gepflanzt sein! Die Veredlungsstelle sollte nach dem Absetzen 10 bis 15 cm über die Bodenfläche herausragen. Der Wurzelhals kann drei bis fünf Zentimeter über dem Bodenniveau liegen, da sich der Baum in den nächsten Wochen noch setzen wird. Der Abstand zum Pfahl sollte fünf Zentimeter nicht überschreiten
- Mit den Händen und zusätzlicher Humuserde die Wurzeln gut in und an den Pflanzkegel drücken. Es sollten keine Hohlräume entstehen
- Das Mäuseschutzgitter dem Kegel entlang herauffalten und zuschließen
- Die Grube dicht, aber nicht verdichtend wieder auffüllen. Im Wurzelbereich humose Erde verwenden, an den Rändern das Unterbodenmaterial. Die Oberfläche schließlich mit den gewendeten Rasenziegeln bedecken
- Reichlich wässern
- Eine rund zehn Zentimeter dicke Mistscheibe schützt den Jungbaum im ersten Jahr effizient vor Trockenheit und Konkurrenz durch Begleitpflanzen.

Abb. 8: *Rund um den eingeschlagenen Pfahl wird die Grasnabe abgehoben (Bild:* SCHWEIZER ZENTRALE FÜR OBSTBAU SZO*)*

Abb. 9: *Wurzelrückschnitt (Bild:* SCHWEIZER ZENTRALE FÜR OBSTBAU SZO*)*

Abb. 10: *Wurzlballen in Knottengitter gegen Mäusefraß eingepackt (Bild:* SCHWEIZER ZENTRALE FÜR OBSTBAU SZO*)*

Abb. 11: *Sorgfältiges Auffüllen der Pflanzgrube (Bild:* SCHWEIZER ZENTRALE FÜR OBSTBAU SZO*)*

Abb. 12: *Guter Humus direkt im Wurzelbereich, Unterboden in der übrigen Pflanzgrube verteilt (Bild:* SCHWEIZER ZENTRALE FÜR OBSTBAU SZO*)*

Abb. 14: *... und/oder mit einem Weidegerüst zu versehen (Bild:* SCHWEIZER ZENTRALE FÜR OBSTBAU SZO*)*

Abb. 13: *Sofort nach der Pflanzung ist der Jungbaum vor Wildschäden zu schützen ... (Bild:* SCHWEIZER ZENTRALE FÜR OBSTBAU SZO*)*

Sektion 04, Ökologische Nutztieraufzucht und -haltung

Folgelieferung Dezember '95

– Weitere Beiträge in Vorbereitung –

Ökologischer Stallbau

Allgemeine Anforderungen, Bau und Funktion, Landschaftsschonendes Bauen, Artgemäße Tierhaltung, Umweltverträgliche Tierhaltung, Stallklimagestaltung, Wärme- und Feuchteschutz, Baubiologie, Empfehlungen zu Baustoffen und Bauteilausführung, Energie- und Wassersparen, Arbeitsplatzqualität, Wirtschaftlichkeit, Literatur

BERNHARD HÖRNING

Der Begriff »Ökologischer Stallbau« ist neu. Zu dieser Thematik gibt es bislang noch keine zusammenfassende Darstellung. Verschiedene Ansätze zu Alternativen im Stallbau sind kaum weiter verfolgt worden. HOESCH (Schweine) und OHL (vor allem Rinder) sprachen sich in der ersten Hälfte dieses Jahrhunderts für eine naturgemäße Viehwirtschaft aus. Sie zeigten, daß Nutztiere unter Außenklimabedingungen gehalten werden können. BIELENBERG (Schweine), SCHNITZER (Pferde) und BARTUSSEK (Hühner) versuchten in den sechziger und siebziger Jahren eine ganzheitlich-biologische Sichtweise der Tierhaltung, indem sie den Stall als Lebens-Raum betrachteten und auch praktische Verbesserungen wie die Porendecke einführten. Die folgenden Ausführungen sind als eine erste und vorläufige Darstellung zu verstehen. Angesichts der breiten Thematik können bei den einzelnen Themen keine detaillierten Anleitungen gegeben werden, jedoch eine Fülle von Anregungen. Angaben zu Kosten stammen aus aktuellen Fachpublikationen. Weiterführende Fachliteratur befindet sich am Schluß des Kapitels.

Allgemeine Anforderungen

Stallgebäude sollen ein gutes Einkommen ermöglichen, eine gesunde Lebensumwelt für die Tiere und einen gesunden Arbeitsplatz für den Menschen bieten und möglichst geringe Auswirkungen auf die Umwelt (Gestaltung, Baustoffe, Emissionen) haben. Ökologischer Stallbau berücksichtigt die Bedürfnisse von Mensch, Tier und Umwelt also möglichst weitgehend. Diese sind in der Vergangenheit insbesondere bei Anlagen der intensiven Tierproduktion oft vernachlässigt worden. Der Begriff Ökologischer Stallbau könnte sowohl auf konventionell als auch auf ökologisch wirtschaftende Betriebe angewendet werden, wenn die entsprechenden Anforderungen erfüllt werden. Es han-

Folgelieferung Dezember '95

delt sich um ein breites Gebiet, in das eine Fülle von Einzelgebieten wie Architektur, Bauingenieurwesen, Ländliches Bauwesen und Verfahrenstechnik der Innenwirtschaft, Ökologie, Ökonomie und Recht einfließen. Folgende *Anforderungen* lassen sich für den Ökologischen Stallbau aufstellen:

- funktionell (Betriebszweig, Zuordnung der Gebäude, Haltungssystem, Verfahrenstechnik)
- wirtschaftlich (Baukosten, Mechanisierungsmöglichkeiten, Leistungen der Tiere)
- landschaftsschonend (Landschafts-, Dorf- und Hofbild)
- umweltgerecht (Emissionen von Schadgasen, Staub, Keimen; Gewässerbelastung)
- tiergerecht (strukturierte Umgebung, ausreichend Platz, gesundes Stallklima, Auslauf)
- baubiologisch (gesunde Baustoffe, umweltschonende Herstellung und Entsorgung)
- energiefreundlich (Energie- und Wassersparen, Alternativenergien)
- arbeitsgerecht (gesundes Arbeitsklima, geringe Unfall- und Verletzungsgefahr)

Momentan herrscht ein starker Kostendruck in der Landwirtschaft. Daher halten sich viele Betriebe mit Investitionen in Betriebsgebäude zurück. Insgesamt wurden in Deutschland 1992/93 noch 2,3 Milliarden DM in landwirtschaftliche Betriebsgebäude investiert. Auf vielen Betrieben besteht die *Notwendigkeit von Stallbaumaßnahmen*:

- die Arbeitsbedingungen sind unzureichend (viel Handarbeit, schlechtes Stallklima und andere Probleme)
- die vorhandene Haltungstechnik und/oder bauliche Substanz ist erneuerungsbedürftig
- der Viehbestand soll aufgestockt werden
- die Nutzung soll aufgrund der Umstellung oder einer veränderten Betriebsausrichtung geändert werden
- die vorhandenen Haltungssysteme erfüllen nicht die Anforderungen an die artgemäße Haltung

Bau und Funktion

Auch für einen Ökologischen Stallbau steht an erster Stelle die Funktion des Baues, da Stallungen ja für einen bestimmten *Zweck* errichtet werden. Ställe sollen die Nutztiere vor direkten Witterungseinflüssen (Wind, Niederschläge, Sonneneinstrahlung) schützen, Temperaturextreme abschwächen und dem Menschen optimale Arbeitsbedingungen bieten.

Entweder bestimmt die vorhandene Gebäudekapazität die *Anzahl der zu hal-*

tenden Tiere oder sie wird an die Anzahl zu haltender Tiere angepaßt. Diese Entscheidung ist von der individuellen Betriebssituation abhängig (Futterbasis, Vermarktungslage, Gebäudezustand und anderen Gegebenheiten). Angesichts der unsicheren Situation der Landwirtschaft sollte man stets die Möglichkeit einer Erweiterung oder einen einfachen Umnutzung berücksichtigen.

Bei der Planung ist eine optimale *Zuordnung der Gebäude* zueinander anzustreben. Dazu zählt neben der Eingliederung in das Landschafts-, Dorf- und Hofbild (siehe Landschaftsschonendes Bauen) die funktionelle Zuordnung zu vorhandenen oder neu zu errichtenden Futter-, Dung- oder Strohlagern. Auch muß eine günstige Anfahrt von Fahrzeugen wie Milchtankwagen oder Viehtransportern gewährleistet sein.

Auf vielen Betrieben stellt sich die Frage, ob *vorhandene Gebäude* mitgenutzt werden sollen (Umbau) oder ob ein komplett neues Gebäude errichtet werden soll (Neubau). Hierzu ist zunächst unter Hinzuziehung von Fachleuten der bauliche Zustand des alten Gebäudes zu bewerten (Schadensliste) und gegebenenfalls im Umbauplan auch ein Sanierungsplan für Fundamente, Wände, Decke und Dach aufzustellen.
Im allgemeinen lassen sich Umbauten, auch mit Anbauten, kostengünstiger erstellen als Neubauten. Dies gilt insbesondere, wenn der Bestand nicht aufgestockt werden soll. Sie sind auch umweltverträglicher, da weniger Rohstoffe verbraucht werden und weniger Fläche versiegelt wird. In der Regel sind bestimmte Anbauten notwendig, da bei gleichbleibendem Tierbestand artgemäße Systeme mehr Platz als die vorhandenen Intensivhaltungssysteme benötigen. Bei einer Abstockung, wie sie bei der Umstellung auf vielen Biobetrieben zum Beispiel in der Schweinehaltung vorgenommen wird, kann der verbleibende Bestand häufig in den bestehenden Gebäuden untergebracht werden.

Bei Umbauten sind die Gebäude besonders genau in die Planung einzubeziehen, um die vorhandene Bausubstanz möglichst optimal zu nutzen. So sollte möglichst eine *Umrüstung* stattfinden, bei der Fundamente, tragende Wände und Stützen nicht verändert werden (Abb. 1). Solche Maßnahmen sind in der Regel sehr aufwendig und gefährden die Statik des Gebäudes. Zum Beispiel ist der Einbau von Güllekanälen in bestehende Gebäude um etwa ein Drittel teurer als bei Neubauten.

Häufig sind bei Umbauten im Vergleich zu Neubauten *Kompromisse* unumgänglich, etwa beim Stallklima oder einzelnen Arbeitsvorgängen. Ferner sind spätere Erweiterungsmöglichkeiten oft schwierig durchzuführen. Auf der anderen Seite können auf vielen Betrieben bestehende Bereiche weitergenutzt werden, wie eine vorhandene Milchkammer

Abb. 1: *Geschickte Einpassung eines Tretmiststalles für Milchkühe in einen alten Gewölbestall*
Foto: Simantke

oder eine deckenlastige Lagerung von Heu oder Stroh, für die anderenfalls Neubauten benötigt würden.

Bei sehr verwinkelten Altbauten ist oft ein Neubau günstiger zu bewerten. Die Altbauten sollten jedoch nicht mit großem Aufwand abgerissen, sondern zur Erhaltung der historischen Bausubstanz umgenutzt werden, etwa als Hofladen. Läßt sich ein Abriß nicht umgehen, sind die alten Baustoffe soweit möglich wiederzuverwenden. *Neubauten* liegen in der Regel weiter von den vorhandenen Wohngebäuden entfernt, so daß längere Arbeitswege einzukalkulieren sind. Eine Ortslage beschränkt oft die Möglichkeit von Neubauten. Falls Neubauten ausgesiedelt werden, sind zusätzliche Erschließungskosten zu berücksichtigen.
Im Stall ist eine optimale Zuordnung der einzelnen *Tierkategorien* zueinander zu gewährleisten, damit die täglichen Arbeitswege kurz gehalten werden. So sollten bei der Milchviehhaltung insbesondere Abkalbebuchten, Kälberbuchten, Melkstand und Milchraum in räumlicher Nähe angeordnet werden. Die Frage der Wahl des *Haltungssystemes* wird bestimmt durch die Anzahl der Tiere, die vorhandenen Gebäude, etwaig vor-

handene Technik und die Verfügbarkeit von Stroh. Ferner sind bei der Zuordnung die entsprechenden *Nebenräume* einzubeziehen, wie Mahl- und Mischanlagen, Melk- und Milchbereich, Eiersortierung, oder etwaige Räume zur Weiterverarbeitung.

Weiterhin müssen die einzelnen *Funktionsbereiche* im Stall optimal angeordnet werden. Solche Bereiche sollen sich an den Funktionskreisen des tierischen Verhaltens orientieren. Dabei handelt es sich je nach Nutztierart und -kategorie unter anderem um Liegebereich, Freß-, Dung-, Nest- und Laufbereich. Einzelne Funktionsbereiche können auch aus dem Stall herausgelagert werden (zum Beispiel Außenfütterung oder Laufhof), wodurch sich die Tiere Klimareizen aussetzen können und Baukosten gesenkt werden können. In den Funktionsbereichen ist eine entsprechende *Verfahrens- und Haltungstechnik* erforderlich, um die Bedürfnisse der Tiere zu befriedigen und die Arbeit zu mechanisieren. Häufig lohnen sich bestimmte Mechanisierungen erst ab einer bestimmten Bestandsgröße, zum Beispiel Schieberanlagen für Milchvieh- oder Sauenbetriebe, eine automatische Eiereinsammlung oder eine automatische Kraftfuttervorlage. Auch bei den Systemdetails wie Futterautomaten, Liegeboxen oder Legenester ist eine tiergerechte Gestaltung und Anordnung wichtig.

Bevor Baumaßnahmen vorgenommen werden, sollte eine sehr sorgfältige *Planung* erfolgen, möglichst unter der Hinzuziehung von Fachleuten, die sich auch auf dem Gebiet des ökologischen Bauens und der artgemäßen Tierhaltung auskennen. Denn Baumaßnahmen kosten viel Geld, und die fertiggestellten Ställe sollen für viele Jahre den unterschiedlichsten Ansprüchen genügen.

Landschaftschonendes Bauen

Wenn man Baubiologie als die Schaffung einer positiven Umwelt (für Mensch und Tier) sieht, mit möglichst wenig Beeinträchtigungen des (körperlichen und geistigen) Wohlbefindens, dann gehört dazu auch eine ästhetisch ansprechende Gestaltung der Gebäude. Darunter ist eine harmonische Einpassung der Gebäude in das Landschafts-, Dorf- und Hofbild zu verstehen, durch Auswahl entsprechender Formen, Materialien und Farben (Anonym, 1989).

Historische Entwicklung des landwirtschaftlichen Bauens

Landwirtschaftliche Gebäude sind in Jahrhunderten im *Einklang mit der Landschaft* entstanden. Wir empfinden diese älteren Gebäude als schön und als harmonisch in die Landschaft eingefügt, weil sie ihre Zwecke mit passenden Materialien und Maßen erfüllen. Es ist eine überraschend starke Übereinstimmung zwischen Hof- beziehungsweise Gebäudeform und Landschaftstyp festzustellen, wie sie ELLENBERG herausgearbeitet hat. Klima, Boden und Vegetation beeinflußten die Art der Tierhaltung und die Gebäudeform und gaben die natürlichen Baustoffe vor (Holz, Lehm, Natursteine, Stroh und andere), wie im folgenden näher beschrieben wird.

Natürliche Standortfaktoren wie Geländestruktur oder Wasservorkommen bestimmten wesentlich die *Dorfform*. Dazu traten geschichtlich bedingte Einflüsse. Die Dorfform hatte wiederum einen Einfluß auf die Hofform und ist daher in diesem Zusammenhang interessant. Sie begrenzt etwaige Erweiterungen, ist aber als Umgebung auch bei der Einfügung neuer Gebäude zu berücksichtigen.

Historische Faktoren wie lokale Traditionen bei Nachbarschaftshilfe und Handwerk, das Erbrecht und die soziale Stellung der Landwirtsfamilie beeinflußten die Hofgröße und damit auch die Gebäudeform und -anordnung (Hofform). Die *klimatischen Bedingungen* haben auch die Gebäudeformen geprägt. So herrschte in kälteren Regionen die deckenlastige Lagerung von Stroh und Heu vor, da hierdurch eine zusätzliche Wärmedämmung erfolgte. Flache Schindeldächer im Gebirge halten eine dicke Schneedecke und wirken so ebenfalls isolierend. Weit vorgezogene Dächer wie im Schwarzwald halten Niederschläge ab.

Die regional vorhandenen *Baustoffe*, wie Holz, Lehm oder Schiefer, hatten ebenfalls einen entscheidenden Einfluß auf die Gebäudeausführung. In den nadelholzreichen Regionen der Gebirge und der ostdeutschen Sandebene herrschte Blockholzbauweise vor. In den übrigen Regionen war eine Pfosten- oder Ständerbauweise verbreitet, je nach Vorhandensein von Holz in Bohlen- oder Fachwerkbauweise. In holzärmeren Regionen war der Fachwerkbau als holzsparende Variante verbreitet, die mit Lehmgefachen oder Ziegeln ausgefüllt war. Bei Holzmangel wurden Gebäude aus Bruchstein oder Backsteinen errichtet. Vor allem in Südosteuropa, aber auch in regenarmen Gebieten wie in Ostdeutschland wurden Wände aus Stampflehm gebaut. In den Marschen, wo sowohl Holz als auch Steine und Lehm rar waren, wurden niedrige, reetgedeckte Häuser mit lehmbeworfenen Flechtwänden gebaut. Bei Schilf- oder Strohdächern wurden Steildächer erstellt, damit das Niederschlagswasser schneller abläuft. Für die hohe Schneelast in den Alpen wurden flache Schindeldächer aus Holz oder Schiefer benutzt. Die so entstandene Kombination aus Baustoff und deren Farbe ergibt eine harmonische Gestalt, wie das Rot der Backsteinmauern und die dunkleren Ziegeldächer in den Grünlandgebieten. Die natürlichen Baustoffe hatten übrigens hervorragende bauphysikalische und baubiologische Eigenschaften (siehe unten), so daß eine Orientierung an der herkömmlichen Bauweise heute viele interessante Impulse geben kann. Tabelle 1 zeigt die landschaftstypischen Bauernhausformen, die durch die genannten Faktoren geprägt wurden.

Veränderungen durch die rationalisierte Tierhaltung

Viele dieser alten, durch die Natur geprägten Wirtschaftsgebäude entsprachen nicht mehr den Anforderungen an eine rationelle Tierhaltung. Technisierung, Aufstockung und Spezialisierung bedingten, daß die alte Einheit zwischen Funk-

Tabelle 1: Bauernhausformen in verschiedenen Regionen Deutschlands und deren Bauausführung (in Anlehnung an Ellenberg; und Damm)

Haustyp/ Region	Bauform	Baustoffe	Hofform
Friesisches Gulfhaus in der norddeutschen Küstenregion	sehr breite dreischiffigeAnlage (zum Beispiel 20 m), Wohnteil schmaler an der Querseite, sehr großeerdlastige Bergeräume im Mittelschiff, in den Seitenschiffen Milchviehanbindung und Ackerwagen.	Backsteinwände	Einzelhoflage
Niederdeutsche Hallenhäuser (Niedersachsenhaus, Westfälisches Bauernhaus)	dreischiffig (15–16 m breit), Tenne in der Mitte, rechts und links angebunde Kühe oder Pferde, deckenlastige Stroh- und Heulagerung, Wohnteil an der Querseite; später häufig mit Fachwerkscheunen oder Schweinehäusern ergänzt.	ältere Gebäude Fachwerk, jüngere Ziegelstein	je nach Region Einzelhof- oder Dorflage;
Mitteldeusche Hofanlagen ('Fränkische Hofanlage')	(zwei-,) drei- (oder vier-)seitig geschlossene Anlagen in vielfältigen Kombinationen von Haupt- und Nebengebäuden (in der Regel Wohnhaus, Stall, Scheune), je nach Region verschiedene Nutzung, Größe und Materialien.	zumeist Fachwerkbauweise	in der Regel enge Haufendörfer
Oberdeutsche Einfirsthöfe (Schwarzwald-, Schwäbisches, Allgäuer-, Bodenseehaus)	Wohn- und Wirtschaftsgebäude unter einem First, zumeist Queraufstallung von Rindern, Pferden und Schweinen (Breite 10–14 m), deckenlastige Lagerung, oft mit Hocheinfahrten, mehrgeschossiger Wohnteil an einer Querseite, im Schwarzwald und Schwaben steilere Dächer, in Oberbayern flachere Dächer.	Blockbauweise oder Unterstock aus Bruchsteinen, Blockwerk im Oberstock	Einzelhoflage vorherrschend

tion und Bild vielfach verloren ging. Die alten Bauerndörfer wurden zu eng. Im Zuge dieser Entwicklung kam es zu einer Vielzahl von Voll- oder Teilaussiedlungen. Alte Gebäude wurden entweder abgerissen oder durch Umbauten verunstaltet. So sind vor allem in den sechziger und siebziger Jahren unschöne Stallungen, bei Aussiedlungen auch ganze Hofanlagen entstanden, als ausschließlich die Funktion und ein einseitiges ökonomisches Denken im Vordergrund standen und sich neue, moderne Baustoffe rasant ausbreiteten. Bei diesen kostengünstigen und »pflegeleichten« Materialien (wie Aluminium, PVC, Asbestzement) wurde nicht berücksichtigt, ob sie in Form, Farbe oder Textur zu den alten Baustoffen passen.

Die Rationalisierung bei der Futterlagerung (erdlastige Lagerung, Silage anstelle von Heu) und größere Landmaschinen führten zu einer eingeschossigen Bauweise, die sich dafür über eine große Grundfläche ausstreckt. Die Folge sind weit gespannte flache Bauten, die in Disharmonie zur traditionellen ländlichen Bauweise mit dem ausgewogenen Verhältnis von Länge, Breite und Höhe stehen. Die Proportionen von Alt und Neu passen nicht zusammen. Das gleiche gilt für neue Einrichtungen wie Kraftfuttersilos oder Güllehochbehälter, die als Fremdkörper empfunden werden. Die Folge dieser Entwicklung ist ein starker *Gestaltverlust*, der häufig nur schwer rückgängig zu machen oder abzumildern ist.

Ökologisch negative Auswirkungen von Baumaßnahmen

Durch die Landwirtschaft werden bei Baumaßnahmen *Eingriffe in Natur und Landschaft* vorgenommen (Kulturlandschaft). Die Kulturlandschaft verbindet die Funktionen des Naturhaushaltes mit den sozialen und wirtschaftlichen Belangen des Menschen. Hiervon betroffen sind Naturfaktoren wie Boden, Grundwasser, Gewässer, Luft, Klima, die Pflanzen- und Tierwelt sowie historisch gewachsene Kulturlandschaften (wie Heide, Magerrasen), Kultur- und Baudenkmale. Ziele von Naturschutz und Landschaftspflege sind, die Funktionsfähigkeit des Naturhaushaltes, die Nutzungsfähigkeit der Naturgüter sowie die Vielfalt, Eigenart und Schönheit der Kulturlandschaft zu sichern. Baumaßnahmen wirken insbesondere negativ durch:

- Freiflächenverbrauch
- Freiflächenzerschneidung (zum Beispiel durch neue Zufahrtsstraßen)
- Oberflächenveränderung (Aushub, Planierung, Ablagerung)
- Bodenbelastung (Verdichtung, Schadstoffeintrag)

- Gewässerbelastung (Schadstoffeintrag)
- Ökologische Verarmung der Landschaft
- Störung des Landschaftsbildes (zum Beispiel durch Stromleitungen)

Landschaftsangepaßtes Bauen

Schnitzer (1980) zeigte in seiner Untersuchung, daß die früher die Gebäude bestimmenden Faktoren auch für das heutige ländliche Bauwesen noch Gültigkeit haben können. So ist nach seinen Berechnungen am Beispiel des Schwarzwaldhauses die deckenlastige Lagerung von Heu und Stroh in der kompakten Bauweise kostengünstiger als die erdlastige. Abbildung 2 zeigt, daß sich dieser Gebäudetyp auch gut für den Einbau von Laufställen für Milchvieh eignet, aufgrund des Grünlandgebietes als Boxenlaufstall für die Kühe und Tretmist für Jungvieh. Ähnliche Überlegungen stellte Wiards (1994) für das Ostfriesische Gulfhaus an.

Vielen Menschen ist die *Erhaltung alter Bausubstanz* ein Anliegen. Bei der Umnutzung von Altgebäuden sollen zu dem Altgebäude passende Materialien und Formen eingesetzt werden. Zum Erhalt alter Backstein-, Fachwerk- oder Natursteinfassaden ist für die Tierhaltung oft eine Innenwanddämmung unumgänglich, die allerdings bauphysikalische Nachteile hat. Derzeit nicht mehr benötigte Türen oder Fenster sollten nicht zugemauert werden, sondern als Holzfläche, nötigenfalls mit dahinterliegender Wärmedämmung, erhalten bleiben. Für viele Altgebäudesanierungsmaßnahmen gibt es Zuschüsse (zum Beispiel Dorferneuerungsprogramm).

Bei Neubauten müssen sich die Planer mit der gegebenen Landschafts- und Gebäudesituation auseinandersetzen (Abb. 3 und 4). Das Neue ist behutsam in das Vorhandene zu integrieren und hat sich ihm unterzuordnen. Zur Wahrung des *Landschaftsbildes* ist die in Jahrhunderten gewachsene Einheit aus Bauernhöfen mit ihrer Umgebung möglichst zu erhalten. Am Ortsrand bilden Flachbauten zum Beispiel gute Übergänge in die freie Landschaft, während sie im Ort eher störend wirken. Beim Bauen in der freien Landschaft sollten die Gebäude an bestehende Strukturen angelehnt werden, wie Waldrand, Baumgruppen, Ufernähe, Talmulden oder den Fuß des Hanges. Dabei ist der natürliche Geländeverlauf zu berücksichtigen, langgezogene Gebäude sind zum Beispiel längs zum Hang zu stellen. Auch vorhandene Wegkreuzungen oder Feldscheunen bieten gute Anbindungsmöglichkeiten.

Das *Hofbild* wird beeinflußt durch die Form, Größe und Anordnung der einzelnen Gebäude, deren Baustoffe und Farben, sowie verbindende Grünelemente. Das Anziehende an bestimmten Bau-

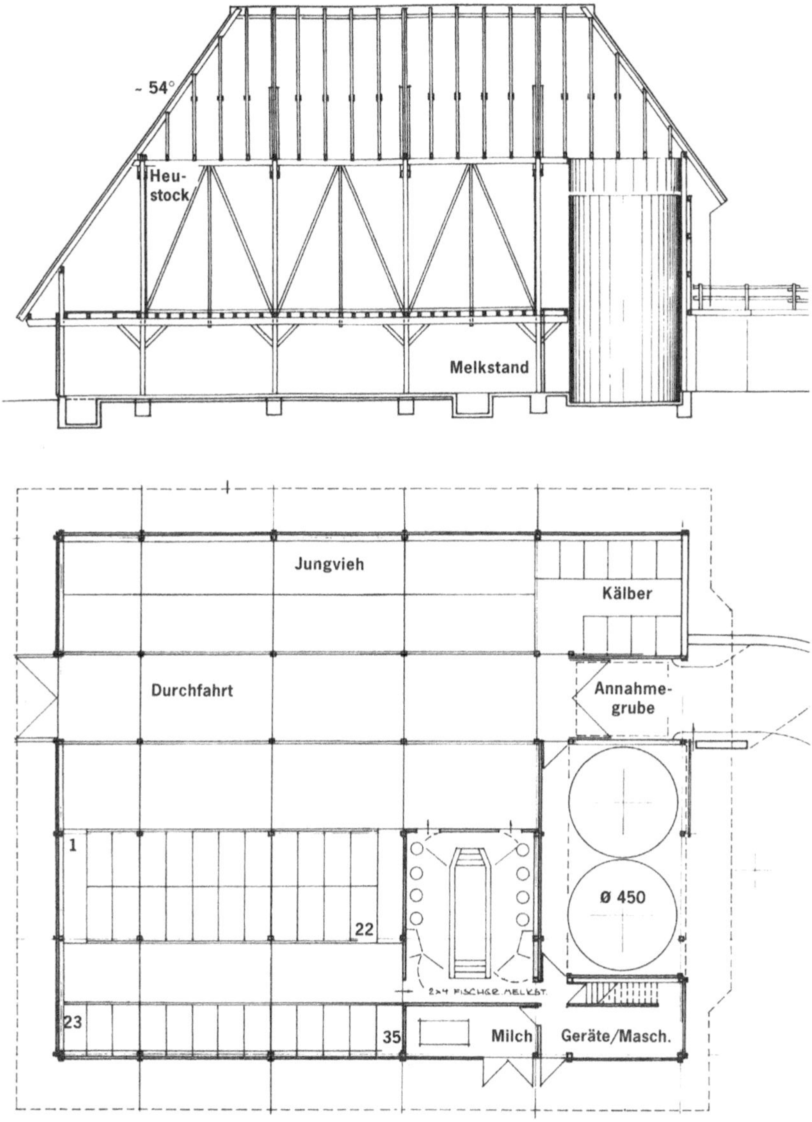

Abb. 2: *Neubau eines Schwarzwaldhauses mit deckenlastiger Lagerung von Heu und Stroh, Boxenlaufstall für Milchvieh, Tretmist für Jungvieh (aus* SCHNITZER, *1980)*

Abb. 3: *An den Altbau angeschleppte offene Liegehalle mit Tiefstreu für Milchkühe, davor ein Laufhof angeordnet; unter dem Schleppdach wird Warmluft für die Heutrocknung abgesaugt. Foto: Gaio*

stoffen sind Unregelmäßigkeiten in der Farbgebung und der Oberflächenstuktur. Holz, Ziegel, Natursteine und Lehm sind lokale Baustoffe, die Farbe, Textur und Struktur der Landschaft tragen, der sie entnommen wurden (Abb. 5). Die mit maschineller Präzision hergestellten künstlichen Materialien hingegen wirken oft einförmig, kalt und schäbig (Wieland).

Eine *Gebäudebegrünung* kann zu einer ästhetischen und ökologischen Verbesserung beitragen. Sowohl Fassaden- als auch Dachbegrünung haben positive baubiologische Effekte. Die Wärmedämmung der Bauteile wird verbessert, die Temperaturbelastung von Außenwänden und Dach wird stark abgemildert, Feuchtigkeit und Sauerstoff werden abgegeben, Staub und Schadgase zum Teil gebunden. Kletterpflanzen (wie Wilder Wein, Efeu) halten sich selbst an der Wand fest, Schlingpflanzen (wie Geißblatt, Clematis, Hopfen) benötigen ein entsprechendes Gerüst. Für die Nordseite empfehlen sich immergrüne Arten wie Efeu, da sie im Winter zur Wärmedämmung beitragen. Auf der Südseite hingegen sollten Pflanzen gewählt werden, die im Herbst ihre Blätter abwerfen, damit

Abb. 4: *Gut in die Landschaft eingepaßter Hühnerstall aus Holz, mit überdachtem Schlechtwetterauslauf und Weide. Foto: Simantke*

die Wintersonne die Fassade erwärmen kann. Störende Kraftfutter- oder Güllehochbehälter können mit Schlingpflanzen begrünt werden. Auch Spalierobst (wie Birnen, Wein) kann an den Wänden entlang gezogen werden.

Bei der Dachbegrünung ist zwischen extensiver und intensiver Eingrünung zu unterscheiden. Es können sowohl Flachdächer als auch Steildächer (bis etwa 30 ° Dachneigung) begrünt werden. Das zusätzliche Gewicht ist bei der Auslegung der Statik zu berücksichtigen. Mittlerweile werden Grasdächer auch für Stallungen angeboten.

Übergangszonen aus Pflanzen zwischen Gebäuden und der Umgebung (Eingrünung) bieten ebenfalls eine ökologische Bereicherung. Hierfür eignen sich einzelne Bäume, Baumgruppen, Gehölze, Hecken. Einzelne große Bäume können einen Zusammenhalt zwischen Gebäuden herstellen, etwa zwischen Alt- und Neubau und setzen wirksame Akzente beim Übergang in die freie Landschaft. Solche Hausbäume sind Wahrzeichen. Laubbäume wirken lebendiger als Nadelbäume; empfehlenswert sind großkronige Arten wie Linden, Kastanien, Eschen, Walnuß oder Ahorn. Hofzu-

Abb. 5: *An ein bestehendes Fachwerkgebäude harmonisch angefügter überdachter Auslauf für Zuchtsauen und Mastschweine. Foto: Hörning*

Folgelieferung Dezember '95

fahrten und Wirtschaftswege können mit Hecken (Holunder, Hagebutten, Schneeball, Haselnuß, Weißdorn, Salweide, Traubenkirsche, Feldahorn und andere) oder Bäumen (zum Beispiel Obstbäume) versehen werden. Weitere positive Beispiele sind Streuobstwiesen oder der klassische Bauerngarten. Rasengittersteine versiegeln weniger Fläche und ermöglichen einen Vegetationsaufwuchs.

Als *ökologische Ausgleichsmaßnahmen* für die durch jede Baumaßnahme verbrauchte Naturfläche können Neuanpflanzungen von Hecken, Feldgehölzen oder Obstbaumanlagen erfolgen. Ferner können Kleinbiotope wie Feuchtgewässer, Trockenmauern oder Magerrasen angelegt werden. Durch diese Kleinstrukturen entsteht ein Lebensraum für verschiedene Tiere (Vögel, Insekten, Reptilien und andere). Einheimische, bodenständige Pflanzen sind bei allen Eingrünungsmaßnahmen zu bevorzugen. Bei neuen (und alten) Gebäuden können Verstecke, Brutplätze und ähnliches für kulturfolgende Tierarten wie Eulen, Fledermäuse und andere geschaffen werden. Für die genannten Maßnahmen gibt es teilweise auch Zuschüsse auf Kreis- oder

Gemeindeebene. Derartige Ausgleichsmaßnahmen können auch zur Auflage bei der Baugenehmigung werden.

Artgemäße Tierhaltung

Im Ökologischen Landbau ist die Artgemäße Tierhaltung eine wichtige Zielsetzung, auch wenn auf vielen Betrieben noch Verbesserungen möglich sind. Nähere Hinweise zu artgemäßen Haltungssystemen werden in den Kapiteln über die einzelnen Nutztierarten gegeben (04.08 und folgende). Weiterführende Literatur findet sich auch in Kapitel 04.02.

Die wilden Vorfahren der Nutztiere haben sich im Verlaufe der Evolution mit ihrem Körperbau und Verhalten an ihre jeweilige Umgebung angepaßt. Diese Anpassungsfähigkeit ist aber in vielen Systemen der intensiven Tierproduktion überfordert, so daß es zu Verletzungen, Krankheiten und Verhaltensstörungen kommt. Daher sollten bei Stallhaltung die Ansprüche der Tiere berücksichtigt werden. Dazu gehören

- klimatische Anforderungen (Stallklima incl. Beleuchtung, dementsprechende Baustoffe)
- Verhaltensansprüche (Umgebungsreize, artgemäße Stallsysteme und Stalleinrichtungen)
- Ansprüche an eine belebte Umwelt (Mikroflora, Elektroklima, Farben und andere)

Grundsätzlich ist für alle Nutztiere die Möglichkeit der Wahrnehmung von unterschiedlichen *Klimareizen* zu fordern, wie es mit Ausläufen und Weidegang verwirklicht werden kann. Ferner sollten alle Nutztiere jederzeit die Möglichkeit zur *Fortbewegung* haben, das heißt Anbindesysteme schließen sich für eine artgemäße Haltung aus. Ferner ist eine reichliche *Einstreu* zu fordern, die den Tieren eine weiche und warme Unterlage bietet, sowie zusätzliche Beschäftigung oder Futteraufnahme.

Wenn man davon ausgeht, daß die Gesundheit von Organismen auch durch die Auseinandersetzung mit der Mikroflora ihrer Umgebung entsteht, ergibt sich eine andere Sichtweise der Hygiene. Die Schaffung eines *lebendigen Keimmilieus* hat ein Gleichgewicht innerhalb der Keimflora zum Ziel. Potentiell schädigende Keime sind zwar vorhanden, ergreifen aber nicht die Überhand. Es ist bekannt, daß durch die Hitzeentwicklung bei Kompostierungsvorgängen Keime abgetötet werden können. Kompostierungsähnliche Vorgänge können zum Beispiel durch ein gezieltes Einstreumanagement im Scharraum von Hühnern, die Schaffung von Wühlbereichen oder Tiefstreumatratzen für Schweine, oder entsprechend gepflegte, lebendige Ausläufe erreicht werden. Leider fehlen dazu genaue Untersuchungen. BIELENBERG wies auf den Rotteprozeß in der althergebrachten Strohlehmdecke hin, der dazu führte, daß das Material mit den Jahren vererdet. Eine Zusetzung organischer Substanzen kann diese Rotte wahrscheinlich starten und lenken. Dazu erwähnte er früher übliche organische Zusätze zu Mörteln oder Putzen wie Ochsenblut oder Milchprodukte. Eine antagonistische Wirkung auf pathogene Keime ist denkbar, wie in einem guten Einstreumilieu (»Regenerationsleistung«). Auch Holz soll eine ähnliche Fähigkeit haben.

Da jede Tierart in der Natur eine bestimmte ökologische Nische ausfüllt, könnte für eine artgemäße Haltung von Nutztieren auch der Stall als ›ökologische Nische‹ angesehen werden. Es ist gut denkbar, daß sich bestimmte natürliche *Baustoffe* für verschiedene Nutztierarten unterschiedlich gut eignen. Zum Beispiel könnten solche Baustoffe von Vorteil sein, die im natürlichen Lebensraum der wilden Stammform vorkommen (Lehm bei Schweinen, Natursteine bei Ziegen, Sand bei Eseln, oder bestimmte Holzarten). Zu derartigen »artgemäßen Baustoffen« liegen leider kaum Untersuchungen vor.

Umweltverträgliche Tierhaltung

Die *intensive Tierproduktion* ist in den letzten Jahren auch wegen der Umweltbelastung immer stärker in die öffentliche Kritik geraten. Die *Luft* wird belastet durch Emissionen aus den Ställen (Gerüche, Staub/Keime, Schadgase; Abb. 6). Kohlendioxid ist in der Ausatemluft der Tiere enthalten. Ammoniak wird bei mikrobiellem Harnstoffabbau freigesetzt. Methan entsteht beim Abbau kohlendioxidhaltiger organischer Substanz (Zellulose), im Verdauungstrakt der Wiederkäuer und bei der Dunglagerung (überwiegend anaerob). Lachgas ist ein Produkt der Stickstoffumwandlung und tritt vor allem bei anaerober Mistlagerung auf. Lokal schädigend oder störend wirken Gerüche, Ammoniak (»Saurer Regen«) und Nitrat, zum Treibhauseffekt tragen Kohlendioxid, Methan und Lachgas bei (Tabelle 2). Die Landwirtschaft hat weltweit einen Anteil von etwa 15 % an der Entstehung des Treibhausklimas.

Gewässer und Böden können durch Austräge aus Futterlagern (stickstoffhaltige Sickersäfte), Dunglagern (Stickstoff) sowie bei der Ausbringung der Dünger verschmutzt werden. Rückstände von Medikamenten und Desinfektionsmitteln geraten mit den Düngern auf die Flächen. Je mehr Tiere lokal und regional konzentriert werden, um so höher ist die Gefahr solcher Umweltbelastungen.

Zu den Prinzipien des Ökologischen Landbaus gehört die Vermeidung von Umweltbelastungen. Anforderungen an eine artgemäße Tierhaltung sollten nicht zu negativen Auswirkungen auf die Umwelt führen, wobei es manchmal Wider-

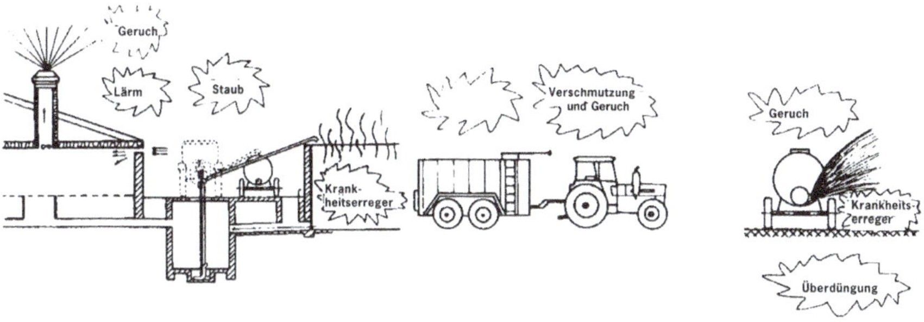

Abb. 6: *Umweltbelastung durch die Tierhaltung (aus: Landw. Lehrbuch Bd. 4, Stuttgart 1985)*

sprüche zwischen Tier- und Umweltschutz geben kann. Im folgenden werden Beispiele für die *Reduzierung von Umweltbelastungen* genannt. Hinweise zur Staubreduzierung finden sich im Abschnitt Arbeitsplatzqualität.

Reduzierung von Ammoniak-Emissionen aus dem Stall:

- Wärmereduzierung im Stall (siehe Abschnitt Stallklima)
- Feuchtigkeitsreduzierung im Stall (siehe Abschnitt Stallklima)
- Kottrocknung (durch Bandbelüftung in der Volierenhaltung, Einstreutrocknung in der Geflügelhaltung durch Fußbodenbelüftung oder -heizung)
- Reduzierung der verschmutzten Oberflächen im Stall (zum Beispiel Mistgänge bei Schweinen)
- regelmäßige Entmistung anstelle von Mistlagerung im Stall (planbefestigte Laufgänge in Rinderlaufställen: sechsmal täglich, belüftete Kotbänder bei Legehennen einmal in der Woche, unbelüftete zweimal in der Woche)
- Keine Unterflurlagerung und -luftabsaugung bei Güllesystemen
- Reduzierung der Luftgeschwindigkeit (zum Beispiel Porendecke)
- Güllezusätze
- Abluftreinigung durch Biowäscher (siehe unten)

Reduzierung von Geruchs-Emissionen aus dem Stall:

- die bereits genannten Maßnahmen zur Feuchtigkeitsminderung
- eventuell Offenfrontställe
- Biofilter oder Biowäscher

Maßnahmen bei der Dunglagerung:

- Abdeckung von Güllebehältern (zum Beispiel Schwimmdecke aus Häckselstroh, Blähtonkugeln, Schwimmfolie)
- Verdünnung der Gülle mit Wasser

Tabelle 2: Schadgasemissionen aus der Tierhaltung in Deutschland (nach Burdick; u.a.)

Schadgas:	Ammoniak (NH_3)	Methan (CH_4)	Lachgas (N_2O)
Emissionen/Jahr (t)	1.000.000	4.900.000	8.000

- Zusatzstoffe, die die innere Oberfläche der Gülle vergrößern (zum Beispiel Bentonit, Zeolithe, Algen)
- Ansäuerung der Gülle (Hemmung der Umsetzungsprozesse)
- Gülleseparierung (Feststoffabtrennung)
- Abdecken des Festmiststapels (feste Seitenwände, Stroh- oder Folienabdeckung, Überdach)

Sonstige Maßnahmen zur Umweltentlastung im Bereich der Tierhaltung:

- biologische Schädlingsbekämpfung (zum Beispiel von Stallfliegen)
- Reduzierung des Desinfektionsmitteleinsatzes (zum Beispiel durch Einlegung von Austrocknungsphasen zwischen zwei Durchgängen), Verwendung von umweltfreundlicheren Reinigungsmitteln; Kochendwasserreinigung der Melkanlage (siehe unten)
- Reinigung des Melkstandabwassers (durch Ultrafiltration und nachgeschaltete Umkehrosmose; derzeit noch sehr teuer)
- Einsatz von naturnahen Abwasserreinigungsanlagen (unbelüftete Abwasserteiche oder Pflanzenkläranlagen, siehe unten)

Im *Biofilter* wird die Stallabluft durch ein Filtermaterial aus schwer zersetzbaren organischen Fasern geleitet. Die Geruchsstoffe werden mit Hilfe von Bakterien im Filtersubstrat zersetzt oder gebunden. Im *Biowäscher* erfüllt diese Funktion ein ständig bewässertes Füllkörperbett aus Kunststoffelementen. Zusätzlich wird Ammoniak gebunden und über die Flüssigkeit in die Güllegrube geleitet. Der Wirkungsgrad des Wäschers ist bei niedriger Luftrate am höchsten. Es muß betont werden, daß durch diese Maßnahmen nicht die Entstehung von Schadgasen oder Gerüchen vermindert wird, sondern nur deren Emissionen aus dem Stall. Ferner entstehen Kosten für Arbeit, Strom und Wasser.

Die *Kochendwasserreinigung* von Melkanlagen ist mittlerweile auf vielen tausend Höfen in Betrieb. Die Reinigungskosten betragen nach Untersuchungen aus Schleswig-Holstein 2,96 DM je Vorgang anstelle von 3,57 für die Zirkulationsreinigung. Ferner werden je

Anlage rund 60 m^3 Wasser im Jahr gespart. Das Reinigungswasser kann weiterverwendet werden, zum Beispiel als Kälbertränke. Eine Wassererwärmung durch Wärmerückgewinnung aus der Milchkühlung ist möglich.

Bei *Pflanzenkläranlagen* wird ein mit Sumpfpflanzen durchwurzelter Bodenkörper vom Abwasser durchflossen. Je Person (1 EGW) werden fünf Quadratmeter Fläche benötigt. Die Kosten liegen bei etwa 300 – 600 DM/EGW. Diese Anlagen haben sich mittlerweile bewährt und sind genehmigungsfähig. Sie passen sich gut in die Landschaft ein und bieten Lebensraum für Insekten, Amphibien und Vögel.

Stallklimagestaltung

Die Stallklimaführung muß die unterschiedlichen *Ansprüche der Tiere* an Luftqualität, Temperatur und Helligkeit erfüllen. Die verbrauchte Luft muß aus dem Stall abgeführt werden. Dieses Ziel sollte im ökologischen Stallbau stärker verfolgt werden als üblicherweise bei der konventionellen Tierhaltung. Im Winter wird oft die Aufrechterhaltung einer bestimmten Mindesttemperatur verlangt, was bei einer naturgemäßen Tierhaltung jedoch einen etwas anderen Stellenwert erhält. Im Sommer hingegen soll Wärme abgeführt werden.

Im Stallinneren herrschen andere klimatische Verhältnisse als im Freien. Die Tiere setzen Ausscheidungen ab, verbrauchen Sauerstoff und geben beim Ausatmen *verbrauchte Luft* ab. Die Stallluft ist mit Keimen, Schadgasen und Staub angereichert, deren Konzentration jeweils deutlich höher als im Freien ist. In den konventionellen Ställen ist der Luftaustausch stark herabgesetzt: Dampfsperren verhindern einen Luftaustausch über die Wand. Im Winter wird die Luftzufuhr stark gedrosselt, um Energie zu sparen. Dadurch kommt es zu einer höheren Feuchtigkeit sowohl der Einstreu als auch an Decke und Wänden. Die durch das feuchtwarme Stallklima bedingten Verhältnisse begünstigen eine höhere mikrobiologische Belastung, weil die meisten Krankheitskeime Anaerobier sind und zur Vermehrung Wärme benötigen. Ferner ist der Schadgasgehalt (Ammoniak, Kohlendioxid) in feuchteren Ställen deutlich höher. Die Nutztiere können darin im Sommer Wärme durch Verdunstungskühle schlechter abgeben (Schwitzen) und haben im Winter eine höhere Wärmeableitung. Die Feuchtigkeit schadet auch der Bausubstanz.

Wärmeregulation

Alle Maßnahmen müssen auf eine Verringerung der Luftfeuchtigkeit im Stall abzielen, das heißt die Abluft in höchstmöglichem Umfang aus dem Stall abführen. Dazu gehört eine möglichst hohe Luftrate, aber auch die Luftdurchlässigkeit der raumumschließenden Bauteile (siehe unten). Bevor die verschiedenen Lüftungssysteme vorgestellt werden, müssen erst einmal die Temperaturansprüche der Nutztiere bekannt sein.

Im Winter wird häufig zu wenig entlüftet, aus Angst, daß es zu kalt wird. Aber ist die Aufrechterhaltung hoher Temperaturen im Stall grundsätzlich notwendig? Tiere mit hohen Stoffwechselleistungen haben eine hohe Wärmeproduktion (Milchkühe, säugende Sauen, Legehennen) und vertragen daher kühlere Temperaturen sogar besser als Hitze. Unsere Nutztiere verfügen ferner über ein außerordentlich hohes *Temperaturanpassungsvermögen*. So entwickeln sie mit zunehmender Kälte im Herbst ein dichteres Haar- und Federkleid (Adaptation). Trainieren sie dieses natürliche Wärmeregulationsvermögen, können sie dadurch die Konstitution verbessern. In verschiedenen Wahlversuchen wurde festgestellt, daß Nutztiere wie zum Beispiel Mastschweine wechselnde Temperaturen (oder auch Helligkeit) wählen, das heißt sie haben ein Bedürfnis nach natürlichen Schwankungen. Zu einem Leistungsabfall kommt es in der Regel nur in der Kombination von Kälte und hoher Luftfeuchtigkeit. Trockene Kälte wird im allgemeinen gut vertragen, auch von Tieren mit einem höheren Wärmebedürfnis, wenn ihnen Zonen mit einem wärmeren Kleinklima zur Verfügung stehen (siehe unten).

Um *Kälte* abzumildern, können verschiedene Maßnahmen ergriffen werden. *Stroh* hat eine ausgezeichnete wärmedämmende Funktion. So können Schweine auf Einstreu ohne Leistungseinbußen um etwa 5 °C kälter gehalten werden als bei den verbreiteten Temperaturangaben, die auf einer einstreulosen Haltung beruhen (Tabelle 3). Die Wärmeableitung der Tiere wird neben der Lufttemperatur und -feuchte auch von der Luftgeschwindigkeit bestimmt. *Zugluft* ist daher möglichst zu vermeiden. Ferner spielt die Oberflächentemperatur der raumumschließenden Bauteile eine Rolle. So leitet zum Beispiel Beton mehr Wärme ab als Holz. Die Schaffung von *Kleinklimabereichen* mit einer höheren Temperatur (Kälberhütten, Schweinebetten, Wärmeglucken in der Geflügelaufzucht) erlaubt eine Absenkung der Umgebungstemperatur.

Innerhalb sogenannter Optimalbereiche der Stallklimafaktoren Lufttemperatur und Luftfeuchtigkeit erbringen die Nutztiere mit geringstem Aufwand ihre Leistungen. Vor allem bei jungen, wachsenden Tieren (Ferkel, Junggeflügel) ist die *Aufrechterhaltung von Mindesttemperaturen* wichtig (Tabelle 3). Dies kann durch eine gute Wärmedämmung oder eine zusätzliche Heizung, aber auch den Einsatz von Wärmetauschern, erreicht

Tabelle 3: Nötige Temperaturen zur Aufrechterhaltung der vollen Leistungsfähigkeit von Nutztieren bei Haltung auf Einstreu; bei wachsenden Tieren Temperaturen mit zunehmendem Alter allmählich abnehmend (n. Bartussek; und DIN 18910)

	Schweine	Rinder	Hühner
Ferkel, Kälber, Küken	30 - 24	7 - 5	26 - 18[1]
Aufzucht	24 - 14	3 - 0	20 - 13
Mast	14 - 5	< 0	
tragende Tiere	8 - 10	< 0	
laktierende Tiere	4 - 5	< 0	

[1] bei Zonenheizung (zum Beispiel mit Strahlern)

werden. Eine sehr gute *Wärmedämmung* hält im Winter eine höhere Raumtemperatur und spart Heizenergie. Sie erlaubt höhere Luftraten, da wärmere Luft mehr Wasserdampf bindet. Häufig ist der Einbau von Wärmetauschern (siehe unten) billiger als eine nachträgliche Wärmedämmung. Eine zusätzliche *Heizung* sollte immer das letzte Mittel bleiben, da sie Energie verbraucht. Eine Heizung ist im allgemeinen bei Ferkelliegebereichen und Geflügelaufzuchtställen sinnvoll (siehe Abschnitt Energiesparen).

Zur Erhöhung der Luftrate im Sommer sind bei Offenställen auf der der offenen Front gegenüberliegenden Seite zusätzliche Lüftungsöffnungen zu empfehlen (Durchzuglüftung). Im Sommer sollte die Zuluft aus kühleren Bereichen angesaugt werden, zum Beispiel aus dem Schatten, von der Nordseite oder aus Scheunen. Auch Wärmetauscher können *Kühlung im Sommer* verschaffen. Gegen eine zu starke Aufheizung empfehlen sich bei Kaltställen Abstandshalter zwischen den Dachplatten, sowie hinterlüftete Wände oder eine Außenwanddämmung bei Warmställen. Den gleichen Effekt erreichen auch Fassaden- und Dachbegrünung. Ansonsten sollten Wände und Decken helle Farben aufweisen, um das Sonnenlicht reflektieren zu können. Bei bestehenden Ställen können Sprenkleranlagen zur Dachkühlung verwendet werden (mit Umlaufsystem). Vor allem bei Ost-West-Ausrichtung ist ein breiter Dachüberstand zu empfehlen, um die Außenwände zu beschatten. Insbesondere Schweine sollten zusätzliche Abkühlungsmöglichkeiten in Form von Suhlen oder Duschen erhalten, da sie nicht schwitzen können. In der Geflügelhaltung kann eine Kühlung durch Luftumwälzung mit Ventilatoren erfolgen.

In der Praxis kann mit relativ einfachen Methoden eine *Stallklimabeurtei-*

Folgelieferung Dezember '95

lung vorgenommen werden. Minimum-Maximum-Thermometer und Thermohydrographen zeigen Tagesschwankungen von Temperatur und Feuchte an. Mit einem Anemometer kann Zugluft festgestellt werden. Mit im Handel erhältlichen Prüfröhrchen läßt sich die Schadgaskonzentration (Kohlendioxid, Ammoniak, Schwefelwasserstoff) feststellen. Mit diesen Mitteln läßt sich ablesen, ob eine Stallklimaverbesserung notwendig ist. Die in Tabelle 4 angegebenen Luftraten sollten für die Erzielung einer dauerhaft guten Luftqualität ausreichen. Nach diesen Luftraten sind die Querschnitte der Zu- und Abluftöffnungen und die Ventilatorleistung auszulegen.

Offenfrontställe erfüllen am ehesten die Forderung nach einem möglichst hohen Luftaustausch und damit der notwendigen Feuchtigkeitsabfuhr. Offenfrontställe eignen sich gut (ohne Leistungseinbußen) für die Haltung von Rindern aller Kategorien, Pferden, tragenden Sauen, Absetzferkeln, Mastschweinen, und Schafen. Voraussetzung ist stets eine ausreichende Einstreu (meist Tiefstreu), damit die Tiere auf einer isolierende Unterlage liegen können. Auch einstreusparende Varianten wie Liegeboxen oder Schweinebetten sind möglich. All diese Offenstallformen haben sich in der Praxis bewährt und führen nicht zu den so oft beschworenen starken Leistungseinbußen im Winter. Etwaige Mehraufwendungen an Futter können durch eine bessere Konstitution kompensiert werden. Bestehende Altgebäude lassen sich durch Entfernen einer Außenwand in Offenfrontställe umbauen. Hiermit liegen gute Erfahrungen vor. Dadurch wird in der Regel auch eine Stallklimasanierung erreicht. Windschutznetze können gegebenenfalls starke Windeinwirkung abmildern.

Tab. 4: Mindestluftraten in Kubikmeter je Stunde und GV (nach Bartussek)

	Winter	Sommer
Ferkel	250	1.000
Mastschweine	150	600
tragende Sauen	75	300
säugende Sauen	125	500
Mastrinder	125	500
Milchkühe	100	400

Luftführung

Aus Gründen der Energieeinsparung sollten möglichst *Schwerkraftlüftungssysteme* eingesetzt werden. Diese funktionieren umso besser, je höher die Temperaturdifferenz zwischen innen und außen ist. Im Stall ist es fast immer wärmer als draußen. Bei niedriger Differenz im Sommer empfehlen sich eine zusätzliche Luftzufuhr über geöffnete Fenster und Türen und gegebenenfalls zusätzliche

Ventilatoren zur Entlüftung, die auch in den Abluftschächten angeordnet sein können. Möglichst große Querschnitte der Zu- und Abluftöffnungen verhindern das Auftreten von Zugluft. Die Ställe sollten mit der Längsrichtung gegen die Hauptwindachse ausgerichtet werden.

Auch in der konventionellen Schweinehaltung wird die herkömmliche Strahllüftung kaum noch propagiert. Diese verwirbelt die verbrauchte Luft und kann Zugluft bewirken. Die beste Form der *Zuluftführung* ist in wärmegedämmten Ställen mit der Verdrängerlüftung zu erreichen. Bei *Porendecken* wird unterhalb der Stalldecke eine Zwischenschicht aus porösen Materialien angebracht. Es eignen sich eine Vielzahl von luftdurchlässigen Materialien wie Holzwolleleichtplatten, Stroh (lose oder gepreßt), Schilfmatten, Polyethylen-Lochfolie und andere. Der Einsatz von Mineralfasern (wie Glas- oder Steinwolle) ist aus baubiologischen Gründen bedenklich, da auch diese Mikrofasern im Verdacht stehen, krebserregend zu sein. Die Zuluft wird über Öffnungen oder Ventilatoren in diesen Zwischenraum eingeführt und sickert gleichmäßig über die ganze Fläche in den Stall ein (Abb. 7), da sie kälter und damit schwerer als die warme Stalluft ist. Durch das sehr langsame Einfallen wird Zugluft absolut vermieden. Ferner kann sich die einfallende Luft an der aufsteigenden Luft erwärmen, so daß weniger Wärmeverluste auftreten. Dies ermöglicht automatisch höhere Luftraten, wodurch das Stallklima deutlich verbessert wird. Die Zuluftöffnungen sollten die gleiche Fläche wie die Abluftöffnungen aufweisen. Bei der Abluftführung über Schwerkraftschächte entsteht ein Unterdruck im Stall, so daß die Zuluft gleichmäßig einfallen kann. Voraussetzung ist eine luftdichte Aus-

Folgelieferung Dezember '95

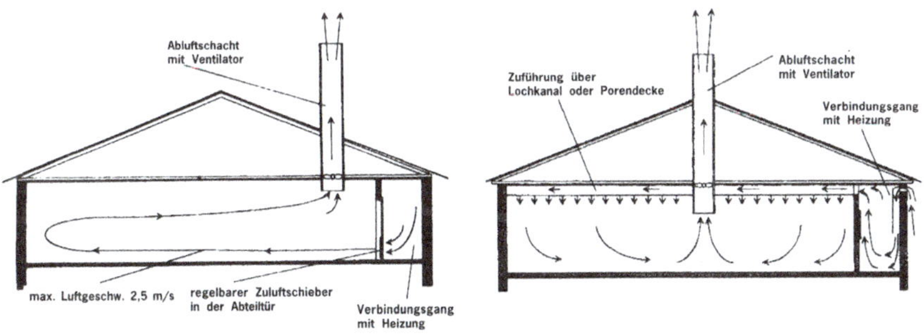

Abb. 7: *Funktionsweise von Futterganglüftung und Porendecke; bei der Porendecke kann die Zuluft auch direkt von außen in den Zwischenraum eingeführt werden (aus: Bauernzeitung 23/95)*

führung aller Stallteile, da sonst Falschluft angesaugt wird. Daher müssen auch Auslauföffnungen, Fenster und Türen luftdicht verschlossen werden. Bei undichten Ställen kann die Porendecke auch im Überdrucksystem betrieben werden. Dabei wird die Zuluft mit einem Ventilator in den Zwischenraum gedrückt. Voraussetzung dafür ist eine Massivdecke. Je nach Tierbesatz kann auch nur ein Teil der Deckenfläche mit einer Porendecke versehen werden (*Rieselkanäle*). Dann sollte jedoch ein durchlässigeres Material gewählt werden (zum Beispiel Schilfmatten), um einen Luftdurchsatz von 200 - 400 Kubikmeter pro Quadratmeter und Stunde zu erreichen.

Eine Luftzuführung ausschließlich über *Fenster* ist nur bei geringem Viehbesatz zu empfehlen; auch darf die Kaltluft nicht direkt in den Tierbereich einfallen (Futtergang und ähnliches). Vor allem in der Schweine- und Kälberhaltung wird zunehmend die *Futterganglüftung* eingesetzt, bei der die Zuluft langsam über Öffnungen in der Tür einströmt (Abb. 7). Begrenzend ist dabei die Stallänge (maximal 12 - 14 m); die Luft kann aber auch von beiden Querseiten eingeführt werden. Die Futterganglüftung ist preiswerter als die Porendecke. Es herrscht aber starke Zugluft im Bedienungsgang. Bei Neubauten von Schweineställen kann die Zuluft auch über Erdwärmetauscher genutzt werden (siehe Abschnitt Energiesparen).

In Kaltställen wird die Zuluft über *Leitbahnen* unterhalb der Traufen eingeführt. Die Leitbahnen können auch durch Schlitzwände aus Holz (Spaceboard) oder Windschutznetze ersetzt werden. Damit wird schon eine Annäherung an Offenställe erreicht.

Die *Abluft* wird in neu errichteten Ställen für die Rinderhaltung über einen *offenen First* abgeführt. Dies ist auch bei neuen Schweineställen (mit Ruhekisten) und einer Umnutzung vorhandener Scheunen möglich. *Abluftschächte* werden in vorhandenen Massivställen mit deckenlastiger Lagerung von Heu oder Stroh benutzt. Voraussetzung ist eine ausreichende Schachthöhe. Ferner sollen Abluftschächte über den First hinausragen (mindestens 1,5 m). In die Schächte können bei Bedarf zusätzliche Ventilatoren eingesetzt werden, um im Sommer mehr Wärme aus dem Stall abzuführen. Auch eine Kombination mit Stroh- oder Heuabwurfschächten ist möglich. Bei der intensiven Geflügelhaltung kommt man um eine *Zwangslüftung* nicht herum, da die Besatzdichte zu hoch ist und Hühner einen sehr hohen Stoffwechselumsatz haben. In der Regel wird dabei die Unterdrucklüftung eingesetzt. Dabei wird die Abluft mit Ventilatoren abgesaugt, die Zuluft strömt ohne Ventilatoren zu. In vielen Altbauten ist die Abluftführung unzureichend, so daß hier Sanierungsmaßnahmen dringend geboten sind.

Theoretisch ist auch ein *Luftaustausch über die Bauteile* möglich. Die luftdurchlässige Porendecke wurde bereits beschrieben. Bei der herkömmlichen Bauweise haben diese Eigenschaften von Baustoffen keine Rolle gespielt. Luftdurchlässige, »atmende« Wände und Decken gewährleisten im Vergleich zur Dampfdiffusion einen echten Luftaustausch, da die Luftmoleküle größer als Wassermoleküle sind. Da sich die langsam einströmende Luft an der nach außen abströmenden warmen Stalluft erwärmt (Prinzip Wärmetauscher), könnten theoretisch ohne Wärmeverluste höhere Luftraten ermöglicht werden. Gleichzeitig könnte verbrauchte Luft durch Diffusion austreten. Die Luftdurchlässigkeit ($m^3/m^2/h$ je mm Wandstärke) ist von der bestehenden Druckdifferenz zwischen innen und außen, sowie der Dichte und Dicke der Materialien abhängig. Bei einer Schichtstärke von 3 - 5 cm haben Kokosfaser-, Korkplatten, fest gepreßte Holzwolleleichtplatten und HD-Ballen sowie lose Schüttungen aus Sägespänen oder Tongranulaten ein gute Luftdurchlässigkeit (Luftdurchgangszahl 10 - 100), die weder zu hoch noch zu niedrig ist (Bartussek, 1988). Atmende Bauteile wurden bislang skeptisch betrachtet, da Kernkondensat befürchtet wird. Die dazu neben der Unterschreitung des Taupunktes ebenfalls notwendige Überschreitung des Dampfsättigungsdruckes tritt jedoch nicht ein. Erfahrungen mit atmenden Wänden wie zum Beispiel aus Stroh sind jedoch sehr begrenzt.

Beleuchtung

Licht ist mehr als Helligkeit! Es handelt sich um kosmische Energie, die vielfältige, zum Teil noch wenig bekannte Auswirkungen hat. Wichtig ist der natürliche Rhythmus der Sonnenwanderung im Tages- und Jahresverlauf, mit wechselnden Anteilen an UV-Strahlung. Die Strahlung wird sowohl über die Augen als auch die Haut aufgenommen. Die Augen nehmen hauptsächlich verschiedene Lichtintensitäten wahr. Die Haut reagiert auf die spektrale Zusammensetzung der Lichtstrahlung. So hat das Blut über das rote Hämoglobin ein Lichtabsorptionsvermögen. Bekannt ist die Vitamin-D3-Bildung über das Sonnenlicht. Das Licht hat positive Auswirkungen auf die Konstitution und Fruchtbarkeit. Die Sonnenstrahlen können Krankheitskeime und Parasiteneier abtöten. Nutztiere sollten sich in jedem Fall der Lichtstrahlung aussetzen können. Dies wird mit Weidegang und Ausläufen erreicht, zum Teil auch mit Offenställen.

Im Stall haben die Nutztiere unterschiedliche Ansprüche an die Helligkeit. Auf jeden Fall ist es von Vorteil, wenn

Folgelieferung Dezember '95

Helligkeiten von mindestens 100 lux erzielt werden. Dazu ist der Fenster-Grundflächenanteil und deren Anordnung wichtig. *Fenster* lassen die natürlichen ultravioletten Strahlen nicht durch. Die Intensität, die insgesamt im Stall erreicht werden kann, ist für eine Aufnahme über die Haut auch zu gering. Bei Kaltställen gelangen Lichtplatten im Dach sowie Lichtfirste zum Einsatz. Fenster (oder Lichtbänder) sollten unterhalb der Traufe angebracht werden, damit das Sonnenlicht im Winter möglichst tief in den Stall einfallen kann. Ab einer Breite von 6 m sollten Ställe auf beiden Längsseiten Fenster erhalten. Falls keine Auslaufmöglichkeit besteht, sollten die Fenster im Sommerhalbjahr ausgesetzt werden.

Es gibt *Lampen*, die das natürliche Spektrum des Sonnenlichtes nachahmen (zum Beispiel »true lite«). Von Hühnern werden hochfrequente Leuchstoffröhren als Flackerlicht wahrgenommen. Diese sollten daher nicht eingesetzt werden. Man kann sie aber auch mit speziellen Vorschaltgeräten nachrüsten, die das Flackern beseitigen. Ferner wird hierdurch eine Energieeinsparung erreicht.

Wärme- und Feuchteschutz

Hier sollen kurz einige bauphysikalische Zusammenhänge erläutert werden. Diese theoretischen Ausführungen sind für das Verständnis von Wärme- und Feuchteschutz wichtig, und damit für die Bewertung und Auswahl von Baustoffen und Bauteilen (Wand, Decke, Boden).

Der *Wärmeschutz* soll Wärmeverluste durch die Bauteile reduzieren. Dies kann erreicht werden durch gute Wärmedämmfähigkeit und Wärmespeicherfähigkeit der Bauteile. Die Wärmeleitzahl gibt die Wärmemenge an, die ein Baustoff durchläßt. Die Speicherzahl bezeichnet das Vermögen eines Baustoffes, Wärme aufzunehmen und bei Abkühlung (zum Beispiel nachts) wieder langsam abzugeben. Wärmedämmvermögen und Wärmespeichervermögen stehen in umgekehrtem Verhältnis zueinander. Sie hängen mit der Rohdichte eines Baustoffes zusammen (spezifisches Gewicht). Baustoffe mit geringer Rohdichte haben einen hohen Porenanteil (zum Beispiel Leichtziegel, Holz, Dämmstoffe) und damit ein gutes Wärmedämmvermögen, da die mit Luft gefüllten Poren ein schlechter Wärmeleiter sind. Hingegen haben schwere, dichte Stoffe wie Beton ein gutes Wärmespeichervermögen. Je höher die Rohdichte eines Materials, umso besser ist allerdings seine Druckfestigkeit und damit seine statischen Eigenschaften. Für die Wahl von Baukonstruktionen ist der k-Wert eines Bauteiles wichtig. Dabei werden die Wärmeleitzahlen der einzelnen Baustoffe und ihre Dicke zusammen gewertet. Eine gute Wärmedämmfähigkeit wird durch möglichst kleine Wärmeleitzahlen und k-Werte erzielt und eine gutes Speichervermögen durch eine hohe Speicherzahl. Tabelle 5 führt die entsprechenden Werte auf.

Bei der Stallhaltung ist eine möglichst hohe Feuchtigkeitsabfuhr wichtig. Ferner müssen Bauteile vor einer dauerhaften Durchfeuchtung geschützt werden (*Feuchteschutz*), weil dadurch ihre Wärmedämmfähigkeit leidet. Wasser ist nämlich ein sehr guter Wärmeleiter. Neben den beschriebenen Lüftungsmaßnahmen können auch Bauteile feuchtigkeitsregulierend wirken (Abb. 8). Wasser in flüsssiger Form kann über die in den Baustoffen enthaltenen Kapillaren (miteinander verbundene Poren) transportiert werden. Das Kapillarsystem, und damit das Wasserabgabevermögen, kann bei gleicher Rohdichte, also gleichem Porenanteil, unterschiedlich sein. Die

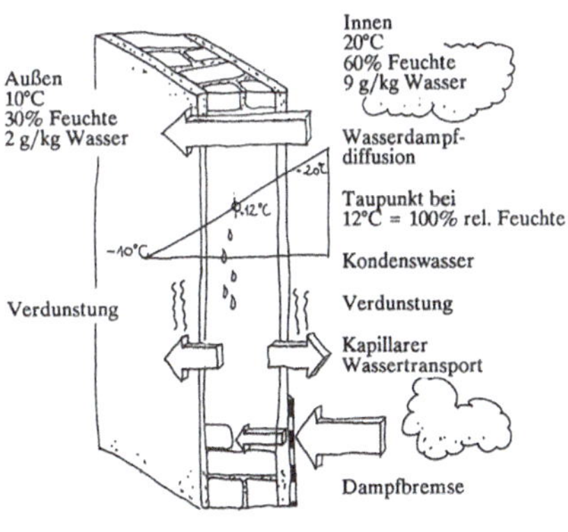

Abb. 8: *Feuchtigkeitsvorgänge in einer Außenwand (aus:* KÖNIG, *1993)*

Kapillarität von Ziegeln ist sehr gut, von Gasbeton hingegen sehr schlecht. Der Wassertransport durch ein Bauteil erfolgt hin zu der trockeneren Seite, und hin zu Baustoffen mit kleineren Kapillaren. Über die Kapillarität kann etwa zehnmal so viel Feuchtigkeit aus einem Baustoff abgeleitet werden wie über die Wasserdampfdiffusion.

Bei der *Wasserdampfdiffusion* wird Wasser als Wasserdampf durch Bauteile geleitet. Durch Temperatur- oder Feuchteunterschiede zwischen innen und außen entsteht ein Dampfdruckgefälle; der Wärmestrom nimmt die Feuchtigkeit mit. Wasserdampf wandert immer zur kalten Seite eines Baustoffes oder bei gleicher Temperatur in Richtung der geringeren Luftfeuchte. In Ställen wandert der Wasserdampf in der Regel von innen nach außen. Baustoffe mit einem hohen Porenvolumen sind hierfür besonders gut geeignet. Entscheidend ist aber auch die Schichtdicke, da im Gegensatz zu der Kapillarität die Diffusionsfähigkeit nicht über beliebig weite Strecken erhalten bleibt. Dieser Diffusionswiderstand (Diffusionsfaktor x Schichtdicke) sollte mindestens zwischen zwei und 15 m liegen; optimal sind vier bis sieben m. Der Wasserdampfdiffusionsfaktor ist in Tabelle 5 angegeben.

Baustoffe haben außerdem eine unterschiedliche Fähigkeit, Feuchtigkeit zu binden (*Sorptionsvermögen*). Dadurch können kurzfristige Feuchtigkeits-

Folgelieferung Dezember '95

Tabelle 5: Bauphysikalische Eigenschaften und Preise (ohne Gewähr) baubiologisch empfehlenswerter Baustoffe; in eckigen Klammern übliche Baustoffe zum Vergleich (nach König; Tomm; Anonym 1994, u.a.)

Material	Dicke (cm)	Rohdichte	WLZ	k-Wert	WSZ	DDW	DM/m²
Holzbohlen (Fichte)	14,00	600	0,13	0,860	1.160	40	
Strohleichtlehm	30,00	600	0,17	0,570	660	2-5	
Strohlehm	30,00	1.400	0,59	1,960	1.400	5-10	
Massivlehm	30,00	1.800	0,91	3,000	1.800	5-10	250,-
Leichtziegel	36,00		800,0	0,920	0,92		36,-
Hochlochziegel	36,00		1.2000	1,100	1,11		36,-
Porotonziegel	36,00		800,0	0,780	0,78		42,-
Kalksandstein (1,8)		1.800	0,99		1.500	15-20	110,-
Blähtonsteine	24,00	600	1,04	1,040		6	27,-
[Gasbetonsteine]		800	0,29		840	5-10	
[Leichtbetonsteine]		1.400	0,72		1.470	9	
Ziegelsplittbeton		1.600	0,87		1.470	15	
[Stahlbeton]		2.500	2,10		2.400	35	
Kalkputz		1.800	0,87		1.728	10	40,-
Zementputz		2.000	1,40		2.010	35	30,-
Glas		2.500	0,80		1.875		
Ziegeldecke		1.100	0,36		1.155	12	120,-
Stroh/ Rohreindeckung		225	0,045		270	2	
Holzschindeln (Lärche)		700	0,13		1.330	50	
Dachziegel		1.800	0,46		1.660	8	19,-
Schieferplatten		2.700	3,50		2.460	25	
[Betondachsteine]		2.400	2,10		2.300	35	12-19
[Faserzementplatten]		1.700	0,35		1.700	135	20-25
Strohplatten		580	0,11	0,055			300,-/m³
Strohschüttung		150	0,058	0,045	190		
Schilfrohrplatten		225	0,045	0,040	270	1-2	26
[Glas-/Steinwolle[1]]	10,10	100	0,04	0,040	80	1	9,-
Holzwolleleichtplatten	20,20	400	0,093	0,040	760	2-5	63,-
Holzweichfaserplatten	13,10	250	0,05	0,040	420	5-13	59,-
Korkplatten	10,10	80	0,045	0,040	130	20-30	38,-
Kokosfaserplatten	10,10	125	0,05	0,040	200	1	28,-
Schafwolle (lose)	6,90	15-30	0,034	0,040		1	24,-
Schafwolle (Bahnen)	8,10	10-20	0,04	0,040		1	34,-
Flachswerg	12,10	60	0,06	0,040			3,-
Flachsmatten	7,70	25	0,038	0,040			26,-
Zellulosedämmstoff	9,10	35-60	0,045	0,040	60	3,5	23,-
Perlite	10,01	90	0,055	0,040	90	3-4	17,-
Blähton (Leica, Liopor)	26,30	300-700	0,1-0,16	0.040	270-630	1	39,-

WLZ = Wärmeleitzahl, WSZ = Wärmespeicherzahl, DDW = Dampfdiffusionswiderstand

[1] Alle folgenden Dämmaterialien zum Vergleich mit einer notwendigen Dicke für einen k-Wert von 0,4 berechnet

schwankungen reguliert werden. Das Bindungsvermögen ist bei Baustoffen pflanzlicher Herkunft höher als bei mineralischen Stoffen, zum Beispiel bei Holz bis zu 30 % des Trockengewichtes, bei mineralischen Baustoffen hingegen nur 2 - 5 %.

Kühlt sich die feuchte Luft im Bauteil so weit ab, daß der *Taupunkt* erreicht wird, kondensiert der Wasserdampf zu Wasser. Generell wird bei kälteren und feuchteren Bedingungen der Taupunkt schneller unterschritten, da warme Luft mehr Feuchtigkeit binden kann. *Schwitzwasser* (Oberflächenkondensat) bildet sich, wenn an Bauteilen mit einem schlechteren k-Wert im Stallinneren die feuchte Stalluft kondensiert (Kältebrücken). *Kernkondensat* entsteht, wenn innerhalb eines Bauteiles der Taupunkt der Luft unterschritten wird. Je weiter der Taupunkt in das Innere einer Wand hineinrutscht, um so weiter muß das gebildete Wasser nach außen abgeführt werden. Für eine dauerhafte Dampfdiffusion nach außen sollte der Taupunkt im äußeren Drittel eines Bauteiles liegen. Dafür ist bei den einzelnen Schichten ein abnehmender Dampfdiffusionswiderstand sowie eine zunehmende Wärmedämmfähigkeit von innen nach außen wichtig.

Am sinnvollsten ist also die Ermöglichung eines kontinuierlichen Feuchtigkeitsableitung nach außen durch Auswahl von Konstruktionen mit einer entsprechenden Kapillarität und Diffusionsvermögen. Ist das zum Beispiel bei der Innenwanddämmung nicht möglich, muß verhindert werden, daß Wasser in das Bauteil eindringen kann. Dies wird mit Hilfe von *Dampfsperren* oder -bremsen erreicht. Neben Kunststoff- oder Aluminiumfolien gibt es auch spezielle Sperrputze mit Sperranstrichen. Zusammenfassend sind also Materialien gefordert, die viel Wärme dämmen und speichern sowie Feuchte aufnehmen und wieder abgeben können.

Baubiologie

In den letzten 20 Jahren hat sich für den Bereich des menschlichen Wohnens die Baubiologie als eine neue Richtung herausgebildet, nachdem sich die Hinweise häuften, daß bestimmte moderne Baustoffe gesundheitsschädliche Auswirkungen haben. Dabei kamen auch Fragen nach der gesamten Umweltverträglichkeit von Baustoffen, sowie eines schonenden Verbrauchs von Energie und Wasser auf. Folgende Kriterien können für ökologisch vertretbare Baustoffe aufgestellt werden:

- Nachhaltigkeit (Vorkommen, Nutzungsdauer, Recyclingfähigkeit)
- Umweltverträglichkeit (Umweltbelastung bei der Herstellung, Energieaufwand)

– Gesundes Raumklima (Lüftung, Heizung, gesunde Baustoffe, Elektroklima)

Zusätzlich ist für ein biologisches Bauen auch die *Standortwahl* wichtig. Zu einem »gesunden« Standort zählen die Sonnenexposition, Hauptwindrichtungen, Erdstrahlen, Radioaktivität und andere Faktoren. Günstig zur Vermeidung von Kaltluftseen sind Hanglagen. In der Ebene sollten Windschutzmaßnahmen ergriffen werden. Eine Ausrichtung nach Südwesten ergibt über den Jahresverlauf die beste Sonnenausnutzung.

Elektroklima: Lebewesen sind an ein natürliches Strahlungsfeld angepaßt (Ionenkonzentration der Luft, elektrische Gleich- und Wechselfelder, elektromagnetische Wechselfelder, terrestrisches Magnetfeld). Verschiedene Baumaterialien können diese natürlichen Elektroklimafaktoren abschirmen oder künstlich verändern (zum Beispiel Metall) und dadurch gesundheitliche Beeinträchtigungen hervorrufen. Durch elektrische Anlagen im Inneren von Gebäuden können ebenfalls Belastungen entstehen (»*Elektrosmog*«). Dies gilt auch im Freien, so sollte mindestens ein Abstand von hundert Metern zu Hochspannungs- oder Bahnleitungen und Sendern eingehalten werden.

Auf der anderen Seite gibt es natürliche Faktoren, die eine Veränderung im normalen Strahlungsfeld bewirken und dadurch ebenfalls die Gesundheit beeinträchtigen können. Diese sogenannten *Erdstrahlen* werden durch Unregelmäßigkeiten im Untergrund hervorgerufen (Wasseradern, Gitternetze, geologische Brüche, geomantische Zonen). Solche Veränderungen können von seriösen Wünschelrutengängern erkannt werden. Häufig zeigen Bäume Mißbildungen aufgrund von Erdstrahlen. Bestimmte Strahlenbelastungen können auch mit verschiedenen Meßgeräten festgestellt werden. Auch bei Nutztieren ist der negative Effekt von Erdstrahlen bekannt (zum Beispiel geringere Milch- oder Legeleistung, Fruchtbarkeitsstörungen). Sind solche Stellen bekannt, können die Tiere umgestellt werden. Bestimmte Gummimatten können abschirmend wirken. Bei Stallneu- oder -anbauten können solche Zonen vermieden werden. Es gibt aber auch Tiere wie Katzen, die solche Stellen gezielt aufsuchen.

Radioaktivität: Aus Uran und Thorium, die in natürlichen Baustoffen wie Lehm oder Natursteinen enthalten sind, bildet sich durch Zerfall das radioaktive Edelgas *Radon.* Bei dessen Zerfall entstehen radioaktive Isotope, lagern sich an Staub- oder Wasserteilchen an und werden dann über die Lunge aufgenommen. In Häusern steigt die Radonbelastung von oben nach unten, da auch vom Untergrund Strahlung abgegeben wird. Ziegel, Lehm und Natursteine führen zu einer um ein Drittel höheren Strahlenbelastung als der durchschnittliche Wert im Freien, Kalksandsteine und Beton um etwa ein Viertel. Sehr günstig ist Holz zu bewerten, das als einziger Baustoff sogar eine leichte Absenkung bewirkt. Die genannten Werte sind allerdings Mittelwerte und können regional stark schwanken. Eine auf dem Baugelände festgestellte hohe Belastung kann durch Beton im Bodenbereich und Holz im Wand- und Deckenbereich vermindert werden. Die Konzentration ist ferner abhängig von der Luftrate. Ein höherer Luftaustausch und Wände mit geringem Dampfdiffusionswiderstand können die Konzentration deutlich senken.

Nicht zu unterschätzen ist der *Energieaufwand* für die Herstellung von Baustoffen. Dieser ist besonders hoch für künstliche Dämmstoffe, und liegt hier zwischen 8.000 und 20.000 kWh je Kubikmeter. Einen sehr hohen Energiebedarf hat auch die Metallherstellung. So benötigt Blei 10.000, Zink 12.000, Kupfer 15.000 und Aluminium über 70.000 kWh je Kubikmeter. Insbesondere letzteres sollte für eine ökologisch orientierte Bauweise nicht eingesetzt werden. Durch die aufwendige Herstellung bedingt legen Kunststoffe und Metalle weitere Transportwege zurück als Sand, Kies, Holz oder Zement. Auch bei der Herstellung von Steinen gibt es Unterschiede im Energieaufwand, so benötigen Kalksandsteine 250, Beton 250 - 300, Ziegel 450 und Gasbeton 750 kWh/t. Bei der Fertigung bestimmter Baustoffe entsteht eine starke *Umweltbelastung*. So werden zum Beispiel bei der Produktion der Kunststoffe Polystyrol und Polyurethan (zur Wärmedämmung) die Ozonschicht schädigenden FCKW eingesetzt.

Auch die *Recyclingfähigkeit* sollte bei der Baustoffauswahl Berücksichtigung finden. Dachbedeckungen, Wandverkleidungen, Dämmplatten, Fenster oder Holz lassen sich zum Beispiel gut wiederverwenden. Mauerwerk zerbricht beim Abbruch, läßt sich aber in Spezialanlagen wiederaufbereiten. Baustoffrecycling entlastet die Deponien und ist ökologisch sinnvoll. Es setzt eine Baustofftrennung bereits beim Abbruch voraus. Beispiele für recycelte Baureststoffe aus Bauabbruch sind Betonsteine mit einem Anteil von Betonsteinbruch oder Ziegelsplittbeton.

Im folgenden wird eine Übersicht über *schädigende Auswirkungen von Baustoffen auf die menschliche Gesundheit* gegeben. Es ist naheliegend, daß bei einer Verwendung gleicher Stoffe ähnliche Auswirkungen auf Nutztiere zu erwarten sein dürften. Hierzu gibt es jedoch kaum Untersuchungen, etwa über Vergiftungen beim lebenden Tier oder Rückstände in Lebensmitteln; allerdings etliche Hinweise aus Tierversuchen. Solche Bau- bzw. Wirkstoffe sollten aber allein schon als Vorsichtsmaßnahme nicht eingesetzt werden (Tabelle 6). Bei Ställen, in denen solche Stoffe eingesetzt werden, ist gegebenenfalls eine Sanierung ratsam. Empfehlungen gibt es in der Landwirtschaft bereits für die Sanierung von Dächern mit Asbestzementplatten. Ansonsten sind Erfahrungen aus der Sanierung von Wohnhäusern hilfreich (DIEL; STEWEN; ZWIENER).

Empfehlungen zu Baustoffen und Bauteilausführung

Tabelle 5 zeigt geeignete Baustoffe anhand von bauphysikalischen Eigenschaften. *Holz* ist ein traditioneller ländlicher Baustoff. Es ist sehr vielseitig einsetzbar, leicht zu verarbeiten und auf vielen Betrieben, die Wald besitzen, vorhanden. Er ist ein natürlich nachwachsender Rohstoff, der in ausreichender Menge zur Verfügung steht. Spezielle, prüffähige Statiken für Holzkonstruktionen, die sich für viele Stalltypen eignen, sind beim landtechnischen Verein in Freising-Weihenstephan zu erhalten. Nach der neuen DIN 68800 ist ein chemischer *Holzschutz* auch bei tragenden Teilen im Innenbereich nicht mehr unbedingt erforderlich, wenn das Holz ständig trokken, durch Verkleidung geschützt, oder zur Kontrolle von drei Seiten offen zugänglich ist. Als verträglichere chemische Behandlungsmittel sind Borsalz, Holzaschenlaugen, Sodalösungen oder Kombinationspräparate zu erwähnen. Bei einem bestehenden Insektenbefall sollte das Heißluftverfahren zur Bekämpfung eingesetzt werden. Besonderer Wert ist auf den »baulichen Holzschutz« zu legen:

- Einschlagen am besten Mitte November bis Ende Dezember
- Verwendung trockenen Holzes (Feuchtegehalt unter 18 Prozent)
- ein hoher Kernholzanteil ist weniger anfällig
- Art der Brettanbringung bei der Außenverschalung
- Hinterlüftung zur schnellen Trocknung
- Dachüberstände als Schutz vor Regen

Lehm wird aufgrund der positiven Eigenschaften als Baustoff wieder interessant. Im Vergleich zu Holz ist Lehm ein billiger Rohstoff, da er auf den meisten Höfen mit entsprechenden Böden vorkommt. Auch sind Lehmkonstruktionen kaum brennbar. Allerdings ist für die Erstellung von Wänden aus Strohleichtlehm oder Holzleichtlehm ein entsprechender Arbeitsaufwand nötig. Dieser läßt sich mit auf dem landwirtschaftlichen Betrieb vorhandenen Geräten weitgehend mechanisieren, wie es in studentischen Arbeiten aus Witzenhausen gezeigt wurde (REIL/MÖLLER; BURGER). Abbildung 9 zeigt als Beispiel die Herstellung von *Strohleichtlehm* mit landwirtschaftlichen Maschinen. Als Handarbeit verbleibt die schwer zu

Tabelle 6: Baustoffe mit möglichen schädigenden Auswirkungen auf die Gesundheit (nach Anonym 1993; Zwiener; Diel; Kur; u.a.)

Schadstoff	Haupteinsatzbereiche	mögliche Gesundheitsschädigung
Asbest	als Asbestzement in Dach- oder Fassadenplatten, Buchtenabtrennungen, Bodenplatten, Fensterbänken, Rohren	Lungenkrebs, Asbestose
Bitumen	als Bitumenwellplatten oder -dachsteine, als Siloanstrich	in Krebsverdacht
Benzol	Farben, Lacke, Lösungsmittel, Kleber	Schleimhautreizungen, Organschäden, Erbgutveränderung
Epoxidharze	Silolacke, Klebstoffe, Beschichtungen, Kunstharzbeton, -mörtel	Allergien, Krebs
Formaldehyd	in Spanplatten	Augenreizung, Übelkeit, Kopfschmerzen, Schlaflosigkeit, Erbgutschäden
Glas- und Steinwolle	Wärmedämmung	möglicherweise krebserregend
Lindan, Pentachlor-phenol, Chlornaphtalin	Holzschutzmittel	Erbrechen, Kopfschmerzen, Nervenschädigungen, Organschäden, Blutkrankheiten
Ethyl-Benzol, Toluen, Trichlorethan, Xylen	Als Lösemittel in Farben, Lacken, Kleb-, Kunststoffen, Kunstharzen	Haut- und Schleimhautreizung, Kreislaufbeeinträchtigung, Organschäden, einige in Krebsverdacht
Phenol	Schaumstoffe, Kunstharze, Leime, Desinfektionsmittel	Verätzung, Kreislaufbeeinträchtigung, Organschäden, Erbgutveränderung
PVC (Vinylchlorid)	Kunststoff: als Wandelemente, Wandverkleidung, Buchtenabtrennung; Rohre, Fenster und Türen, Futterbehälter, Lichtplatten- und -first	Verdacht auf krebserregende Eigenschaften
Styrol	als Polystyrol in Dämmplatten	Vergiftungen schon bei geringen Mengen
Teer	Teerpappe, Bodenbeläge, Anstriche, Holzschutzmittel	Krebs

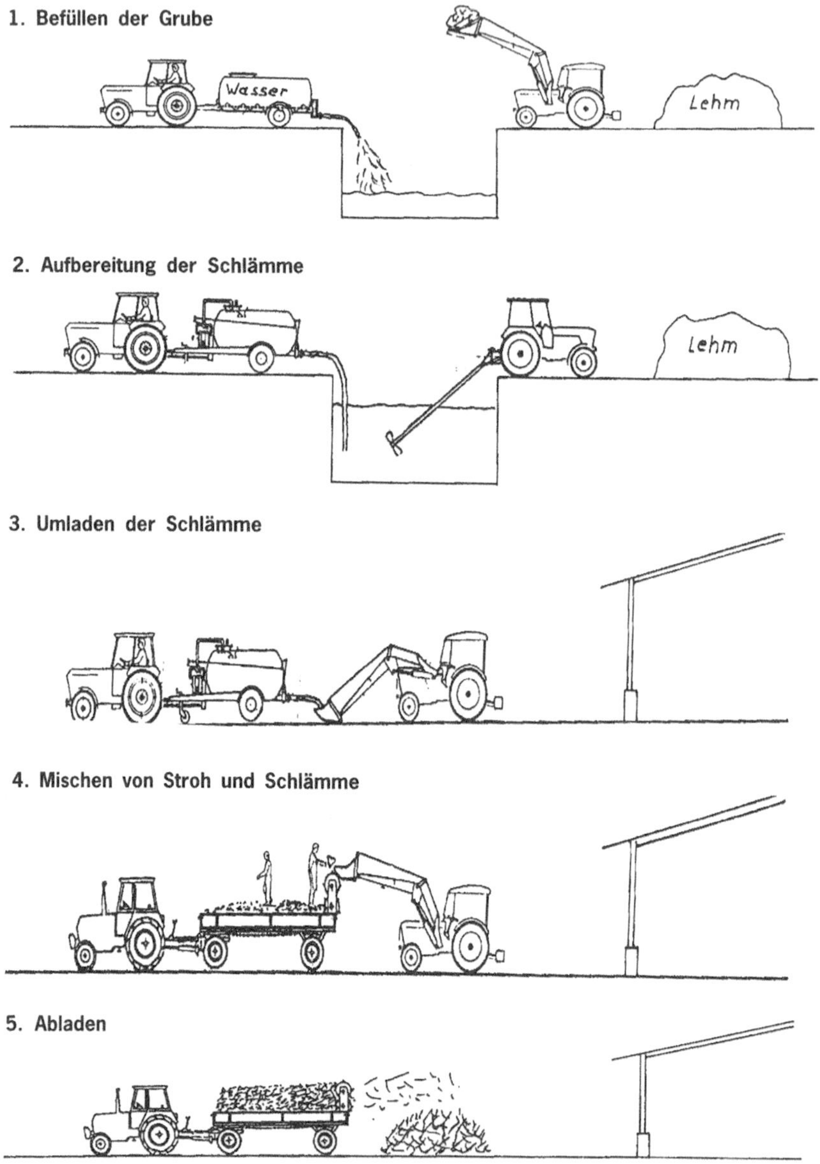

Abb. 9: *Anfertigung von Strohleichtlehm mit landwirtschaftlichen Maschinen (aus:* BURGER, *1994)*

mechanisierende Arbeit des Einstampfens. Bei der Herstellung von *Holzleichtlehm* wird der Lehm zunächst mit einer Fräse zerkleinert, falls er nicht genügend aufschlämmbar ist. Die Schlämme wird in einem Zwangsmischer im Schlepperanbau angemischt. Dann wird Holzhäcksel zugegeben. Die Mischung kann mit Förderbändern an die Schalung herangeführt werden. Sie muß nur wenig verdichtet werden. Diese Technik benötigt weniger Arbeit als der Strohleichtlehm. Ferner trocknet Holzleichtlehm schneller und hat kaum Schwund.

Wärmedämmstoffe haben aufgrund vieler kleiner Hohlräume ein geringes Gewicht und ein großes Volumen. Die Lufteinschlüsse sorgen für die Wärmedämmung. Aufgeschäumte Kunststoffe oder Mineralfasern sollten trotz des geringeren Preises und der um rund zehn Prozent besseren Dämmeigenschaften aufgrund der Schadstoffbelastung und energieaufwendigen Herstellung nicht verwendet werden. Auch geben sie Feuchtigkeit schlechter wieder ab als natürliche Dämmstoffe. Nicht alle in Frage kommenden Dämmstoffe sind gleich gut zu bewerten. Einige enthalten Zusätze (Ammoniumsulfat bei Kokosfasern, zum Teil Bitumen bei Holzweichfaserplatten oder Formaldehyd bei Holzwolleleichtplatten), andere kommen aus dem Ausland (Kokosfasern, Sisal, Kork). Bauphysikalische Kennzahlen sind Tabelle 5 zu entnehmen.

Anregungen für verschiedene Bauteile

Bei der *einschichtigen Wand* muß ein einziger Baustoff die Wärme dämmen und speichern, Feuchte aufnehmen und abgeben sowie die statischen Lasten auffangen. In Frage kommen Vollholz- (Kant- oder Rundhölzer), Ziegelstein- oder Massivlehmwände. Die genannten Materialien sind beim Bauen einfach zu handhaben, baubiologisch günstig und beständig. Bei *mehrschichtigen Wänden* sollen bestimmte Baustoffe die Nachteile von anderen ausgleichen. In der Regel handelt es sich dabei um zusätzliche Wärmedämmstoffe. Eine exakte Ausführung ist schwieriger als bei einschaligen Wänden, da die Gefahr von Kältebrükken höher ist. Die *Außenwanddämmung* ist die gebräuchlichste Form. Vor die Dämmung wird in der Regel noch eine Verkleidung zum Beispiel als Deckelschalung oder mit Sichtmauerwerk angebracht. Wichtig ist eine gute Hinterlüftung der Wärmedämmung. Eine Ausnahme ist eine Schicht von 6 - 10 cm Wärmeputz. Das tragende Bauteil bleibt als Wärmespeicher erhalten, kann aber die Wärmeeinstrahlung der Sonne nicht nutzen. Ein nach außen abnehmender Dampfdiffusionswiderstand ist zu beachten. Bei der *Innenwanddämmung* fällt die Wärmespeicherfähigkeit weg. Ferner verhindern die Dampfsperren auf der Innenseite eine Wasserdampfdiffusion.

Die Innenwanddämmung hat ihren Platz bei der nachträglichen Wärmedämmung sowie vor allem, wenn aus optischen Gründen die Außenwandfassade nicht verändert werden soll. Beispiele für *Massivbauweisen* sind Kunststeinmauern oder Zwillingsholzblockwände mit zusätzlichen Wärmedämmschichten. *Leichtbauweisen* bestehen aus Rahmenkonstruktionen, im allgemeinen aus Holz, sowie beidseitig verschalter Wärmedämmung.

Mit *luftdurchlässigen Wänden* zur Schaffung eines gesunden Stallklimas liegen kaum Erfahrungen vor. Von Bartussek und Bielenberg wurden ein- und doppelschalige Holzwände mit Kokosfilz in den Fugen vorgeschlagen. Früher waren Vollholzställe in Gebrauch, deren Fugen mit Moos ausgestopft wurden. Weitere in zunehmender Reihenfolge luftdurchlässige Materialien sind hierfür Holzweichfaserplatten, lockere Holzverschalungen, Holzwolleleichtplatten und Strohlehm (nach Bartussek). Es darf allerdings bei atmungsfähigen Wänden kein Windstau auf der Außenwand entstehen, da es dann zu einem unkontrollierten Lufteintritt kommt. Zur Windabweisung empfiehlt sich eine hinterlüftete Vorsatzschale zum Beispiel aus einer Holzverschalung, die bei mehrschichtigen Leichtbauweisen ohnehin nötig ist. Die Wandhinterlüftung muß mit der Dachhinterlüftung verbunden werden.

Auch im und über den *Boden* findet ein Luftaustausch statt. Bei luftdicht abgeschlossenen Stallfußböden kann es zu aneroben Fäulnisschichten kommen, die über undichte Stellen in den Stall einwirken könnten. Zur Verhinderung könnten poröse Fußbodenmaterialien wie Ziegel in einem verdichteten Sandbett verwendet werden. Ferner könnten, insbesondere bei hohem Grundwasserstand, auch luftdurchlässige Fundamente eingesetzt werden, damit das Erdreich unter dem Stall eine bessere Luftzufuhr erhält. Dies kann zum Beispiel mit eingelegten Betonröhren erfolgen. Ein solcher Boden ist luftdurchlässig, hat eine gute Wärmedämmung und bleibt trocken. Ferner dürfte er deutlich billiger als ein herkömmlicher Boden sein. In diesem Zusammenhang ist auf die guten Erfahrungen bei den Louisiana-Ställen ohne Bodenplatte hinzuweisen, in denen die Einstreu nicht nach jedem Durchgang erneuert wird. Die Luftdurchlässigkeit dürfte den Rotteprozeß in der Altstreu unterstützen.

Energie- und Wassersparen

Früher war der landwirtschaftliche Betrieb energieautark. Das Futter für die Zugtiere wurde selbst erzeugt, der Mist wurde als Dünger genutzt und geheizt wurde, soweit nötig, mit vorhandenen Ressourcen wie Holz. Der heutige landwirtschaftliche Betrieb zeichnet sich durch einen relativ hohen *Energie- und Wasserverbrauch* aus. Die Landwirtschaft verbraucht in Deutschland etwa fünf Milliarden Kilowattstunden Strom und 26 Milliarden Liter Heizöl im Jahr (einschließlich Wohnhausbereich). Sie produziert weniger als zwei Prozent des Bruttoinlandproduktes, verbraucht aber mehr als sechs Prozent der Endenergie. Ein durchschnittlicher Milchviehbetrieb benötigt allein im Stall 10.000 - 15.000 kWh Strom im Jahr.

Energie kostet Geld und belastet durch die Erzeugung fast immer die Umwelt (zum Beispiel Braunkohleverstromung, Atomkraft). Dadurch werden zum Teil beträchtliche volkswirtschaftliche Folgekosten hervorgerufen. Ferner ist die Verbrennung fossiler Rohstoffe (Erdöl, Erdgas) und von Uran auf Dauer begrenzt, da diese nicht unendlich zur Verfügung stehen. Weil landwirtschaftlichen Betrieben Sonderbedingungen wie niedrigere Stromtarife oder Gasölverbilligung zugestanden werden, ist der Anreiz gering, Energie zu sparen oder alternative Energiequellen zu nutzen. Aber ein ökologisch wirtschaftender Betrieb sollte schon aus Umweltschutzgründen bemüht sein, auch hier alternative Wege zu gehen. Dies gehört zu den Prinzipien des Ökologischen Landbaus.

Grundsätzlich ist das *Energiesparen* umweltfreundlicher als die Erzeugung von Energie – und sei es mit Alternativenergie. Durch *Alternativenergien* werden bislang in Deutschland nur knapp fünf Prozent des Stroms erzeugt. Die Landwirtschaft eignet sich gut für den Einsatz von Alternativenergien, da in der Regel Platz für das Aufstellen von Kollektoren, Speichern, Windrädern und ähnlichen Anlagen zur Verfügung steht. Vorhandene Gruben können zum Beispiel zur Anlage von Biogasspeichern umgenutzt werden oder gebrauchte Öltanks als Warmwasserspeicher.

Stromverbrauch

In der Tierhaltung wird Strom bei technischen Anlagen (Entmistungs- und Einstreuanlagen, automatische Kraftfutterzuteilung, Melken, Ei-Entnahme), Beleuchtung, Lüftung und Heizung (zum Beispiel Ferkelnester) verbraucht. *Stromsparmöglichkeiten* bestehen unter anderem bei Belüftung (25 - 60 % in der Schweine- und Geflügelhaltung), Beleuchtung (15 - 35 %), Heizung von Ferkelbereichen (15 - 30 %), Milchkühlung (15 - 20 %) und bei beheizten Tränken (›Balltränken‹). Eine Stromerzeugung mit *Alternativenergien* ist mit Wasser-, Wind- oder Sonnenkraft (Photovoltaik) möglich.

Wasserkraft treibt Turbinen an, die mechanische Energie (zum Beispiel Mühlenbetrieb) oder elektrische Energie (durch Umwandlung in Generatoren) erzeugen können. Knapp vier Prozent des Stroms werden in Deutschland damit produziert. Zur Nutzung ist das Vorhandensein von »Wasserrechten« Voraussetzung, die oft bereits an Altanlieger vergeben sind. Die Technik ist vergleichsweise einfach, jedoch teuer in der Neuanschaffung. Für die Überholung vorhandener stillgelegter Anlagen werden je nach Zustand 1.500 - 3.500 DM je kW gerechnet, und für Neuanlagen 4.500 - 5.800 DM.

Windkraftanlagen entziehen dem Wind über einen Rotor die Energie und wandeln diese in mechanische Energie, zum Beispiel für den Betrieb von Wasserpumpen, oder über einen Generator in elektrische Energie (Gleichstrom) um (rund ein Prozent der bundesdeutschen Stromerzeugung). Weitere Einsatzmöglichkeiten sind das Aufrühren von Gülle oder Faulschlamm aus der Biogaserzeugung. Für eine sinnvolle Windkraftnutzung sollte eine durchschnittliche Windstärke von mindestens 4 m/sec in einer Höhe von zehn Metern vorhanden sein. Dies trifft nur für etwa zehn Prozent der Fläche in Deutschland zu. Kleinere Anlagen haben in der Regel viele Flügel, mit niedrigen Drehzahlen und hohen Drehmomenten (Langsamläufer). Große Anlagen haben nur zwei oder drei Flügel und erreichen viele Umdrehungen in der Minute (Schnelläufer). Savonius-Rotoren können wahlweise bei schwachem Wind Wasser pumpen und bei starkem Strom erzeugen. Kleinere Windkraftanlagen eignen sich auch für den Selbstbau. Die Investitionskosten liegen nach Herstellerangaben für Anlagen in der 150-kW-Klasse bei rund 2.700 DM je kW, 1.900 DM in der 250-kW-Klasse und 1.800 DM in der 500-kW-Klasse. Diese Zahlen enthalten keine Nebenkosten, die mit 20 - 30 % anzusetzen sind

Mit *Solarstrom* wird erst 0,02 % des bundesdeutschen Stroms erzeugt. Die Sonnenenergie wird zur Stromerzeugung mit Solarzellen und Solarmodulen in Gleichstrom umgewandelt, dabei wird auch die diffuse Strahlung genutzt. Der meiste Strom kann im Sommer erzeugt werden, die Energie wird jedoch primär im Winter gebraucht. Das Speichern von Strom mit Batterien ist obendrein sehr teuer. Gleichstrom kann zum Beispiel für Pumpen, Ventilatoren oder die Getreidetrocknung benutzt werden. Mit Wechselrichtern kann der Gleichstrom in Wechselstrom umgewandelt werden. Für die Erzeugung von einem Kilowatt sind ungefähr 10 m^2 Solarzellen nötig. Die Investitionen liegen je nach Anbietern zwischen 10 und 23 DM je Watt. Kleinere Anwendungsbereiche, die bereits jetzt wirtschaftlich sind, sind Weidezaungeräte oder kleine Wasserpumpen. Ferner ist die Solarenergie bei netzfernen Standorten (zum Beispiel Schafställen im Außenbereich) eine Alternative (ANONYM, 1994).

Wärmeenergieverbrauch

Für Heizung und Warmwasserbereitung wird Wärmeenergie benötigt. In der konventionellen Tierhaltung werden Abferkel- und Ferkelaufzuchtställe, zum Teil auch Vormastställe, ferner Geflügelaufzucht- und -mastställe beheizt. Die neue Wärmeschutzverordnung von 1995 gilt auch für Ställe, wenn diese an mindestens vier Monaten im Jahr auf über 12 °C geheizt werden. Das Ziel der Verordnung ist eine dreißigprozentige *Energieeinsparung*. In der Geflügelaufzucht und -mast sollten zur Heizung Schirmglucken (zum Beispiel mit Biogas) verwendet werden, da sie weniger Energie verbrauchen als die Heizung des ganzen Raumes. Auch bei der Heizung des Ferkelliegebereiches kann Energie gespart werden, zum Beispiel durch den Einsatz isolierter Ferkelkisten. Sinnvoll zur Energieeinsparung (Erhöhung des Wirkungsgrades) bei der Warmwasserbereitung ist eine zusätzliche Wärmedämmung des Warmwasserspeichers und der Wasserleitungen. Mischbatterien sind energiesparender als getrennte Kalt- und Warmwasserhähne. Zusätzliche Thermostate ermöglichen für bestimmte Zwecke eine vorgewählte, gleichbleibende Wassertemperatur. Entkalkung von hartem, kalkreichen Wasser oder eine elektromagnetische Aufbereitung verhindert die Ablagerung von Kalk in Leitungen und Wasserspeichern (auch in Hochdruckreinigern) und senkt damit Energieverluste.

Eine *alternative Warmwasserbereitung und/oder Heizung* ist mit Solarenergie, Biogas und Wärmepumpen möglich. Die Warmwasserbereitung mit *Sonnenkollektoren* hat sich bewährt. Die Anlagen bestehen aus der Kollektorbatterie, Transportleitungen, dem Brauchwasserspeicher und einer Steuerungseinheit. Die kurzwelligen (Lichtenergie) und langwelligen Strahlen (Wärmeenergie) werden vom Absorber aufgefangen und über eine Solelösung zum gut isolierten Wasserspeicher geleitet. Hier gibt ein Wärmetauscher die Energie an die Warmwasserbereitung oder die Heizungsanlage ab. Es gibt verschiedene Kollektoren, die sich gut für den Selbstbau eignen. Bei der Montage auf dem Dach sollte auch das Hofbild berücksichtigt werden. Eine fertige Anlage aus dem Handel kostet etwa 10.000 DM für einen Warmwasserbedarf von 4.000 kWh. Die jährlichen Kosten betragen knapp 800 DM. Daraus errechnen sich Kosten von etwa 1,60 DM je 100 l erwärmtes Wasser, was etwa in der Höhe der Wassererwärmung durch Gas oder Heizöl liegt.

Auch durch die *passive Solarenergienutzung* kann ein Heizeffekt erzielt werden. Dies geschieht mit großen nach Süden ausgerichteten Fensterfronten, aus speziell wärmegedämmten, gebogenem

Folgelieferung Dezember '95

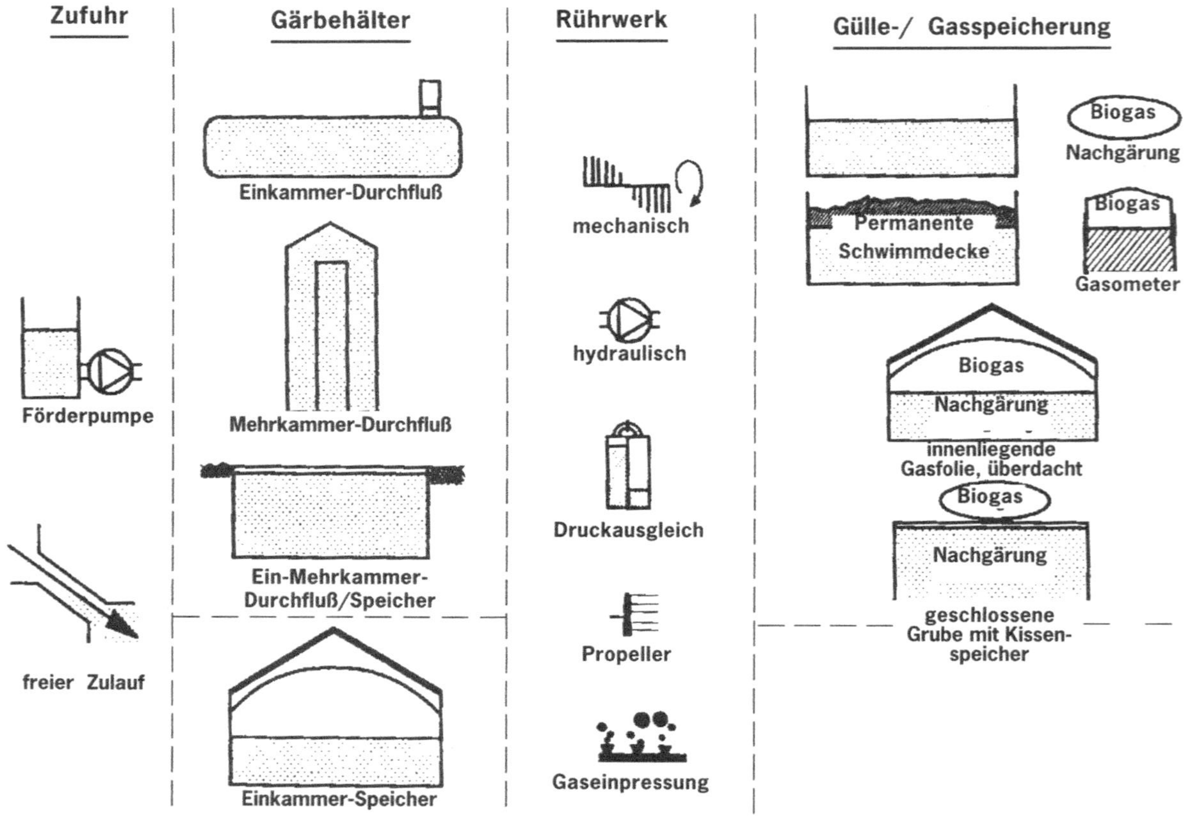

Abb. 10: *Prinzipien von Biogasanlagen (aus:* ANONYM, *1993)*

Glas. Dadurch bleiben Gebäude im Sommer auch kühler. Denkbar wäre eine solche Einrichtung für Geflügelställe.

Bei Vergärung von Exkrementen aus der Tierhaltung (oder anderen organischen Substanzen) unter Luftabschluß entsteht *Biogas*. Es ist ein Gemisch aus verschiedenen Gasen. Ein Kubikmeter Biogas enthält zwischen 5,8 und 7,5 kWh und kann damit ungefähr 0,6 l Heizöl ersetzen. Unter Praxisverhältnissen liegt die durchschnittlich erzeugbare Biogasmenge bei 0,7 - 1,2 m^3 je GV und Tag. Die Gasausbeute ist in abnehmender Reihenfolge: Geflügel - Schweine - Wiederkäuer. Bei letzeren wird die Ausbeute erhöht, wenn Stroh oder Futterreste mitvergoren werden. Solche Grobmaterialien müssen jedoch zerkleinert und mit der flüssigen Fraktion, eventuell unter Wasserzusatz gut vermischt werden. Prinzipiell ist aber eine Biogaserzeugung aus Festmist ebenfalls möglich. Durch eine Biogaserzeugung werden die Eigenschaften von Gülle verbessert. Die Halbierung des Trockensubstanzgehaltes macht die Biogasgülle fließfähiger, die Stickstoffwirkung erhöht sich und die Geruchsbelastung bei der Ausbringung nimmt um vierzig bis sechzig Prozent ab. Unkrautsamen können ihre Keimfähigkeit verlieren.

Die Dauer der Faulzeit ist temperaturabhängig, wodurch wiederum die Größe des benötigten Gärraumes bestimmt wird (1 - 4 m^3 je GV). Die meisten Biogasanlagen arbeiten als Fließsystem, wobei das flüssige Ausgangssubstrat in den Gärbehälter gepumpt wird und nach Ausfaulung weiter in die Güllegrube (Abb. 10). Der Gärbehälter kann allerdings auch mit dem Güllelagerbehälter kombiniert werden. Für das erzeugte Gas ist ein Speicher nötig, da der Verbrauch schwankt. Ein Teil der erzeugten Gasmenge muß zur Erwärmung des Gärraumes verwendet werden (Prozeßenergie). Dafür können aber auch Gülle-Gülle-Wärmetauscher benutzt werden. Ferner ist elektrische Energie für Pumpen, Rühren und die Steuerung erforderlich (30 - 35 kWh/m^3). Bestimmte Stoffe wie Desinfektionsmittel oder Antibiotika hemmen den Gärprozeß.

Es ist möglich, mit Biogas Wärme und Strom zu erzeugen. Bei dieser Kraft-Wärme-Kopplung fällt im Sommer allerdings oft zu viel und im Winter zu wenig Warmwasser an, da Wärme und Strom im Verhältnis von 2,5 zu 1 stehen. Daher sollten im Sommer zusätzliche Möglichkeiten wie die Trocknung genutzt werden. Im Winter kann eine Zusatzheizung erforderlich werden. Ferner sollte durch Anschluß an das öffentliche Netz Einspeisung sowie Strombezug möglich sein. Wenn Biogasanlagen wirtschaftlich sein sollen, müssen sie möglichst einfach und kostensparend gebaut werden (Eigenleistung, gebrauchte Teile), nachhaltig eine möglichst hohe Gasausbeute erzielen und das erzeugte Biogas vollständig verwerten. Die Investitionskosten liegen zwischen 300 DM/GV bei Verwendung gebrauchter Materialen und ohne Anrechnung der eigenen Arbeit (500 -700 Stunden) und 1.500 bis 3.500 DM je GV für durch Firmen erstellte Anlagen. Erstere wurden in der Praxis für 30.000 - 75.000 DM errichtet, letztere für 50.000 - 150.000 DM. Die jährlichen Kosten betragen 6.000 - 20.000 DM je Betrieb. Dadurch ergeben sich sehr hohe Schwankungen von 0,01 - 0,42 DM je kWh (ANONYM, 1993).

Mit der Nutzung der Abwärme aus Warmställen durch *Wärmetauscher* (zum Beispiel durch Anbringung in Abluftschächten) kann die Temperatur im Stall ohne Heizung um etwa 10 °C über der Außentemperatur angehoben werden. Wärmetauscher in Ställen können durch

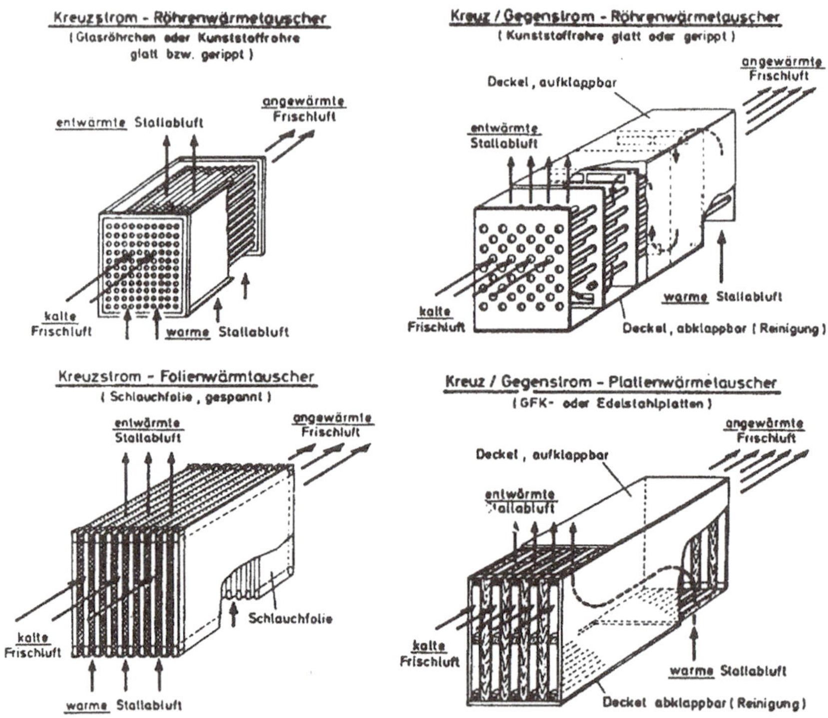

TYPISCHE BAUARTEN von Luft/Luft-Wärmetauschern zur Beheizung von Ställen mit Lüftungsabwärme.
Zeichnungen: Dr. Schulz, Vogt

Abb. 11: *Verschiedene Formen von Luft-Luft-Wärmetauschern (aus:* BLW)

Luftentfeuchtung das Stallklima verbessern (wichtig zum Beispiel für Geflügel im Winter) und durch Bindung von Staub und Gerüchen Emissionen aus dem Stall reduzieren. In Luft-Luft-Wärmetauschern (Kreuzstromprinzip, Abb. 11) heizt die warme Abluft direkt die einströmende Zuluft (Röhren- oder Plattenwärmetauscher). Sie können mit der Zwangslüftung kombiniert werden. Luft-Wasser-Wärmetauscher heizen Wasser in Rohrleitungen und können daher zur Heizung oder Warmwasserbereitung eingesetzt werden. Die verwendeten Materialien sind Blech, Kunststoff oder Glas. Neuerdings wurden in einem Pilotprojekt gute Erfahrungen mit der Nutzung von Wänden als Wärmetauscher gemacht. Dabei wird die Luft im Winter zwischen zwei Wandschichten in den Stall geführt, dabei erwärmt sie sich an dem durch die Wände gehenden Wärmestrom. Wärmetauscher eignen sich durchaus für den Selbstbau. Es gibt auch DLG-anerkannte Geräte.

Die *Erdwärme* ist mit Wärmetauschern nutzbar. Gute Erfahrungen liegen zum Beispiel für Schweineställe vor. Es werden Plastikrohre durch das Erdreich geführt. Dadurch wird im Winter wärmere und im Sommer kühlere Luft in den Stall geführt. Bei Neubauten können die Rohre unter dem Stall verlegt werden, bei bestehenden Ställen neben dem Stall. Es ist möglich, die Zuluft in einen Vorraum münden zu lassen, von dem dann die Luft in den Stall geleitet wird. Leistungsfähige Abluftanlagen sind nötig. Die Investitionskosten betragen 70 - 90 DM je Mastplatz. Aus den Niederlanden liegen gute Erfahrungen mit Grundwasser-Luft-Tauschern vor, die ebenfalls in der Schweinehaltung eingesetzt werden. Das Grundwasser wird dabei durch Rohre gepumpt, an denen die Zuluft erwärmt oder gekühlt wird. Die Temperaturschwankung im Jahresverlauf ist niedriger als bei Erdwärmetauschern; die Investitionen liegen in ähnlicher Höhe.

Eine Wärmerückgewinnung aus der frisch ermolkenen Milch ist zur Warmwasserbereitung sinnvoll und wird bereits auf vielen Betrieben wirtschaftlich eingesetzt.

Wärmepumpen bringen mit Hilfe von Energieeinsatz Umweltwärme auf ein höheres Temperaturniveau, indem sie einem bestimmten Medium Wärmeenergie entziehen und dieses auf ein höheres Niveau »pumpen«. Diese Wärme wird so zur Heizung oder Warmwasserbereitung nutzbar. Ferner wirken Wärmepumpen entfeuchtend und erlauben daher höhere Luftraten. Der Kohlendioxidgehalt steigt allerdings an. Sie sind besonders für niedrige Ställe mit Klimaproblemen zu empfehlen. Mögliche Quellen sind Außenluft, Grundwasser, Erdreich, Stalluft, Milch und belüftete Gülle. Wärmepumpen gewinnen dabei das zwei- bis fünffache der Energie, die

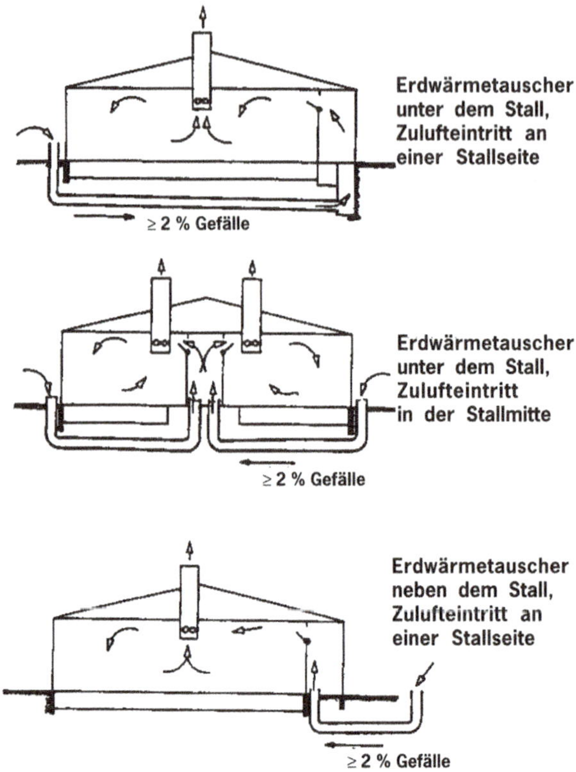

Abb. 12:
Verschiedene Formen von Erdwärmetauschern (aus: KTBL-*Schrift 340, Darmstadt 1991)*

Folgelieferung Dezember '95

sie selbst zum Antrieb benötigen. Für den Antrieb kann wiederum Alternativenergie genutzt werden. Durch Anwendung eines Verdampfers ist auch eine Kühlung möglich, die zum Beispiel im Sommer bei der Schweinemast sinnvoll sein kann. Die Investitionen liegen für größere Anlagen zwischen 20.000 und 50.000 DM.

Wasserverbrauch

Im Stall wird für Tränken, Stall- und Tierreinigung sowie die Melkanlage Wasser benötigt. Einsparmöglichkeiten gibt es bei den Armaturen (zum Beispiel Durchflußbegrenzer) oder dem Gebrauch. Bei der *Stallreinigung* hilft eine mechanische Vorreinigung Wasser sparen. Hochdruckreiniger ermöglichen eine weitere Einsparung; hier gibt es jedoch deutliche Unterschiede. Die verschiedenen Geräte haben einen Wasserdurchsatz zwischen 3 und 20 l/min. Die verschmutzten Flächen sollten etwa zehn Stunden vor der Gesamtreinigung mit kaltem Wasser eingeweicht werden. Hierfür sind auch spezielle Einweichanlagen mit Sprühnippeln erhältlich. Die Reinigung mit Warmwasser hilft ebenfalls Wasser sparen, da sich der Schmutz schneller löst. Kaltreinigungsgeräte können an die betriebliche Warmwasserbereitung angeschlosssen werden. Trinkwasser ist teuer und ein kostbares, knappes Gut. Daher sollte soweit möglich *Regenwasser* aufgefangen und genutzt werden (zum Beispiel für Schweinesuhlen). Das Regenwasser von Dachflächen wird in einem Sammelbehälter aufgefangen. Dessen Größe kann zum Beispiel mit der Faustformel Dachfläche in m^2 multipliziert mit 70 l/m^2 errechnet werden. Die Installationskosten betragen ca. 1,50 - 3,20 DM je m^3 bei einem Fassungsvermögen von 5 - 20 m^3. Daraus errechnen sich jährliche Kosten von ca. 200 - 350 DM. Über etwaige Zuschüsse informieren die Wasserwerke. Auch das Anlegen von eigenen Brunnen kann Wasser aus der öffentlichen Versorgung einsparen.

Nach dem Energieeinspeisungsgesetz von 1991 müssen die Energieversorgungsunternehmen Kleinerzeugern einen Festpreis für den von ihnen ins öffentliche Netz eingespeisten Strom bezahlen. Dieser betrug 1994 rund 0,14 DM je kWh für Strom aus Wasserkraft oder Biogas und etwa 0,17 DM für Strom aus Wind- oder Sonnenenergie.

In den neuen Bundesländern werden Investitionen in Solar-, Windkraft- und Kleinwasserkraftanlagen mit 40 % bezuschußt, sowie 30 % für weitere Energiesparmaßnahmen wie Wärmedämmung, Wärmerückgewinnung oder Biogasanlagen. In den alten Bundesländern kann über das Agrarinvestitionsförderungsprogramm eine fünfprozentige Zinsverbilligung auf Maßnahmen zur Energieeinsparung und -umstellung gewährt werden (Wärmedämmung, alternative Heizsysteme). Ferner fördern einzelne Bundesländer Alternativenergien und Energiesparmaßnahmen.

Arbeitsplatzqualität

Die Arbeitsbedingungen bestimmen die Dauer der anfallenden Arbeiten und die Sicherheit des Arbeitsplatzes und damit auch die Zufriedenheit des arbeitenden Menschen (Arbeitsqualität). Wirtschaftsgebäude sind die wichtigsten landwirtschaftlichen Arbeitsplätze, durchschnittlich zwei Drittel der anfallenden Arbeit werden hier verrichtet. Immer wieder hört man das Argument, daß eine tiergerechte Haltung nicht wichtiger als eine menschengerechte Haltung sein dürfe -

Folgelieferung Dezember '95

oft von denjenigen, die Investitionen in die artgemäße Haltung scheuen. Die Arbeitsbedingungen sind in der Intensivtierhaltung sehr unbefriedigend und oft gesundheitsschädlich. *Unfälle* in der Innenwirtschaft aufgrund von haltungs- und bautechnischen Mängeln verursachen volkswirtschaftliche Kosten von knapp einer Milliarde DM im Jahr in Deutschland. Die meisten Unfälle ereignen sich im Milchviehanbindestall. Ferner wirken eine Reihe von *Schadfaktoren* auf den Menschen ein, die sich zum Teil in ihrer Wirkung verstärken. Dadurch wird auch die genaue Zuordnung von Krankheitssymptomen zu bestimmten Ursachen erschwert. Als Schadfaktoren wirken Schadgase (vor allem Ammoniak und Schwefelwasserstoff), Gerüche, Staub, Krankheitskeime, Lärm (durch Tiere oder Stalleinrichtungen), Fremdstoffe (Belastungen durch Baustoffe, Desinfektionsmittel, Futterzusätze und andere Faktoren), Zoonosen (vom Tier auf den Menschen übertragene Krankheiten) sowie Unfälle (durch Tiere oder Stalleinrichtungen hervorgerufen).

Die meisten stallbedingten Krankheiten sind *Erkrankungen der Atemwegsorgane*, die auf kombinierte Wirkung von Staub, Keimen und Schadgasen wie Ammoniak zurückgeführt werden können (»Farmerlunge«, »Geflügelzüchterlunge«). Etwa ein Viertel der Schweinehalter leidet an chronischen Atembeschwerden; es konnten sogar Zusammenhänge mit der Rate an Lungenentzündungen bei Mastschweinen festgestellt werden. Mehr als die Hälfte der von den Berufsgenossenschaften entschädigten Krankheiten sind Atemwegserkrankungen. Es gibt verschiedene Krankheitstypen und -schweregrade. Die Beschwerden steigen mit zunehmender Tierkonzentration sowie steigender Aufenthaltsdauer im Stall. Nicht zu unterschätzen ist auch der schädigende Einfluß von Lärm, der zu teilweise bleibenden *Hörschäden* führt. So herrscht in Sauenställen vor der Fütterung ein Lärm wie von einem Preßlufthammer (100 - 110 dB). Immerhin jede siebte entschädigte Berufskrankheit fällt bei Landwirten in diesen Bereich.

Die *schwere körperliche Arbeit* im Anbindestall führt bei Frauen zu einer Überschreitung der Dauerleistungsgrenze und liegt bei Männern an der Obergrenze. Hierdurch werden auch dauerhafte Gesundheitsprobleme verursacht, vor allem Erkrankungen des Gelenks- und Skelettsystems.

Möglichkeiten der Reduzierung von Gesundheitsbelastungen des Menschen im Stall (nach HÖRNING, 1994, ergänzt):

■ Ammoniak
- Erhöhung der Luftraten
- regelmäßige Entmistung (alle ein bis zwei Tage)
- Reduzierung der Mistfeuchtigkeit bei Geflügel

Folgelieferung Dezember '95

(zum Beispiel Bodenisolierung/ -heizung bei Bodenhaltung oder Kotbandbelüftung in Volierenställen)
- Reduzierung feuchter Laufflächen (Einstreu von Stroh- oder Gesteinsmehl, eventuell Spülung)
- pH-Wert-Absenkung in Mist oder Gülle durch Zusätze (zum Beispiel Gesteinsmehle oder anorganische Säuren)
- Temperaturabsenkung im Sommer (zum Beispiel durch Erdwärmetauscher, Zuluftführung aus kühlerer Scheune)
- Unterflurabsaugung bei Spaltenboden (verursacht aber höhere Emissionen
- luftdichter Gasverschluß zwischen Güllekanälen und Vorgrube
- genaue Bedarfsanpassung des Eiweißanteiles in der Ration

■ Gerüche
- Erhöhung der Luftraten
- Senkung der Luftfeuchtigkeit (höhere Luftraten, Wärmetauscher, Binden von Feuchtigkeit)
- Zuluftkühlung (Ansaugen aus kühleren Bereichen, Wärmetauscher)
- Reduzierung des Staubgehaltes (siehe unten)
- Gülleaufbereitung durch Belüftung oder Zusatzstoffe

■ Staub und Keimbelastung
- beim mechanischen Einstreuen Einsatz von Ballenabrollern statt -häckslern oder Häckseln außerhalb des Stalles
- häufigeres Austauschen der Einstreu (vor allem im Geflügelstall)
- Vermeidung von Unruhe im Stall (Staubaufwirbeln durch Tieraktivität)
- im Extremfall Luftbefeuchtung (zum Beispiel im Geflügel- oder Mastschweinestall durch Sprühdüsen)
- Einsatz von Porendecken
- Einsatz von Wärmetauschern (wirken entstaubend)
- Futter anfeuchten oder mit Öl binden
- bei hoher Belastung Industriestaubsauger einsetzen
- gegebenenfalls Luftionisierung

■ Lärm
- geräuscharme Ventilatoren
- Schallisolierung von Milchpumpen
- geräuscharme Freß- und Trenngitter (Gummipuffer)
- ad-libitum Fütterung von Schweinen
- Benutzen von Ohrenschützern

■ Unfallquellen
- ruhiger Umgang mit den Tieren (gute Mensch-Tier-Beziehung)
- Fluchtmöglichkeiten im Tierbereich (vor allem bei Bullen-, Eber- und Abferkelbuchten)

- rutschfeste Bodenbeläge
- Benutzen von Sicherheitsschuhen
- Wartung von technischen Teilen (zum Beispiel im Anbindestand)

Wirtschaftlichkeit

Der hier vorgestellte ökologische Stallbau dürfte aufgrund der verhinderten Umweltbelastungen, der eingesparten Energie und der besseren Gesundheit von Mensch und Tier zumindest volkswirtschaftlich rentabel sein. Denn die konventionelle Tierhaltung verursacht volkswirtschaftliche Folgekosten in mehrfacher Milliardenhöhe, durch Gewässerverschmutzung (Nitrat), Luftverschmutzung (Ammoniak, Lachgas, Gerüche) und Lärmbelastung. Ferner sind durch haltungsbedingte Krankheiten, Verletzungen und Abgänge betriebswirtschaftliche Ausfälle in Milliardenhöhe zu verzeichnen. Auch aus den genannten Gründen ist es irreführend, sich im Ökologischen Anbau bei der Ökonomie stets an der Intensivtierhaltung zu messen, zumal diese ja auch abgelehnt wird. Daher kommt es darauf an, innerhalb des Systems der Ökologischen Tierhaltung die Wirtschaftlichkeit zu verbessern.

Im Rahmen des neuen Agrarinvestitionsprogramm für die alten Bundesländer werden der Agrarkredit (bei Investitionen bis 150.000 DM) und die Kombinierte Investitionsförderung (bis 1,5 Millionen DM) vergeben. Investitionen in die Milchviehhaltung werden bis maximal 50 Kühe je Arbeitskraft (beziehungsweise 80 je Betrieb) gefördert. Eine Aufstockung innerhalb dieser Grenzen ist jetzt möglich. Bei Investitionen in die Schweinehaltung darf keine Aufstockung erfolgen; ferner muß mindestens 35 % des Futters selbst erzeugt werden können. Auch eine *Förderung von Baumaßnahmen* in der Rindermast ist möglich, und bei Verbesserungen des Tier- und Umweltschutzes auch in die Geflügelhaltung. Weiterhin werden Einkommenskombinationen, etwa durch Direktvermarktung gefördert. Beim Agrarkredit gibt es eine Zinsverbilligung bis zu fünf Prozent für zehn Jahre, die auch als einmaliger Zuschuß ausgezahlt werden kann. Tabelle 7 zeigt die maximalen Zuschüsse im Rahmen der kombinierten Investitionsförderung. Darüber hinaus wird eine Zinsverbilligung von maximal fünf Prozent für ein Darlehen von maximal 340.000 für die ersten beiden Arbeitskräfte und maximal 170.000 für jede weitere Arbeitskraft gewährt, für maximal 20 Jahre bei Baumaßnahmen und zehn Jahre bei sonstigen Maßnahmen. So würde ein Ein-Ak-Betrieb im benachteiligten Gebiet bei einem Bau eines neuen Kuhstalles für 450.000 DM 51.000 DM Zuschuß und für 20 Jahre

Tabelle 7: Maximale Zuschüsse in DM für Baumaßnahmen nach der Kombinierten Investitionsförderung (nach BMELF, Bonn 1995)

	n.b.G.	b.G.	JLW/n.b.G.	JLW/b.G.
eine Arbeitskraft	34.000	51.000	42.500	59.500
zwei Arbeitskräfte	64.000	102.000	85.000	119.000

n. / b.G. = nicht / benachteiligtes Gebiet, JLW = Junglandwirte

lang eine Zinsverbilligung von 16.500 DM erhalten.

Zusätzlich können Erschließungskosten bei Aussiedlungen mit maximal 70.000 DM bezuschußt werden. Junglandwirte können eine Niederlassungsprämie von maximal 23.500 DM erhalten, wenn sie mindestens 35.000 DM in den Betrieb investieren. Der bisherige Grünlandzuschuß wird nicht mehr gewährt. In den neuen Bundesländern gelten noch bis Ende 1996 andere Förderungsgrundsätze. Alle Bundesländer können eigene Richtlinien erlassen, so werden zum Beispiel in Hessen Baumaßnahmen für eine artgemäße Rinder- und Schweinehaltung besonders gefördert.

Zu einer *Baukostensenkung* gehören eine sehr sorgfältige, auf den individuellen Fall abgestimmte Bauplanung, die Verwendung kostengünstiger Bauformen (Nutzung von Altgebäuden, Einfachlösungen wie Außenfütterungen) sowie die Selbst- und Nachbarschaftshilfe. Dadurch können zum Beispiel bei der Milchviehhaltung die Baukosten je Kuhplatz um die Hälfte gesenkt werden (Kapitel 04.08, Teil 1). Die bereits genannten Offenställe helfen bei allen Nutztierarten Kosten senken. Die Verwendung ökologischer Baustoffe ist zum Teil teurer. Naturnahe Dämmstoffe sind teurer als künstliche, Tonziegel teurer als Bitumenwellplatten. Diese Mehrkosten sollten durch Einsparungen in anderen Bereichen aufgefangen werden. Auf die Möglichkeit der Einsparung von Energie und Wasser sowie die Kosten von Alternativenergien wurde bereits hingewiesen.

Für eine artgemäße Tierhaltung werden Haltungssysteme mit Einstreu gefordert. Heute bestehen wesentlich bessere *Mechanisierungsmöglichkeiten* der Stroh-Festmist-Kette als noch vor zwanzig Jahren. Dies geht über die Großballenwerbung bis hin zu einer mechanischen Einstreuverteilung im Stall über Ballenauflöser oder -häcksler. Für alle Nutztierarten gibt es unterschiedliche Schieberanlagen zur Entmistung. Auch Arbeiten wie die Ei-Entnahme können mechanisiert werden. Die automatische Kraftfuttervorlage ist bekannt; nur erwähnt werden sollen hier die Möglichkeiten einer mechanisierten Grundfuttervorlage. Durch die heutige Technik können die allermeisten Arbeitsvorgänge im Stall mechanisiert werden. Hier bestehen auf vielen Betrieben noch Einsparungsmöglichkeiten. Der Investitions- und zusätzliche Energieaufwand ist allerdings in Rechnung zu stellen. Ferner darf die Mechanisierung nicht dazu führen, daß der nötige Aufwand für die Tierkontrolle und -beobachtung vernachlässigt wird.

Es gibt eine ganze Reihe von Hinweisen und Untersuchungen, daß sich eine gesunde Tierhaltung auch wirtschaftlich positiv auswirkt, durch niedrigere Tierarztkosten und *bessere Leistungen* (Kapitel 04.08, Teil 1). Ferner werden bereits in vielen Fällen *höhere Erzeugerpreise* aufgrund einer artgemäßen und umweltschonenden Tierhaltung durchgesetzt, sei es durch Direktvermarktung oder durch Markenzeichen für ökologischen Landbau oder artgemäße Haltung. Bislang fehlen Gesamtrechnungen, die Kosten und Nutzen eines ökologischen Stallbaus gegenüberstellen (Hörning, 1995). Eine sorgfältige und genaue Planung hilft jedoch, Risiken zu vermeiden.

Um die bislang weit verstreuten Informationen zum Thema Ökologischer Stallbau zu bündeln und weiterzugeben, wurde in Witzenhausen eine Kontaktstelle eingerichtet. Hier erhält der Interessierte Adressen von Beispielsbetrieben, Beratungs- und Planungsbüros für Baubiologie, Alternativenergieund artgemäße Tierhaltung, von Herstellern und ausführliche Literaturhinweise. Ferner wird ein Erfahrungsaustausch angestrebt:

Koordinationsstelle Ökologischer Stallbau
c/o Dipl.-Ing. Bernhard Hörning
Universität Gesamthochschule Kassel (GhK)
Nordbahnhofstr. 1 a
D-37213 Witzenhausen

Literatur

Anonym (1987): *Landwirtschaftliches Bauen bei eingeschränkterEinkommensentwicklung. (Landbauforsch. Völkenrode, Sh. 87), FAL, Braunschweig*

– *(1989): Landwirtschaftliches Bauen und Schutz der Landschaft. (KTBL-Schrift, 332) KTBL, Darmstadt,*

– *(1990): Ammoniak in der Umwelt. KTBL, Darmstadt,*

– *(1991): Bau und Technik in der landwirtschaftlichen Nutztierhaltung. (Landbauforsch. Völkenrode, Sh. 125)* FAL, Braunschweig,

– (1991): *Mach es selbst! 4. Aufl. (top agrar extra) Landwirtschaftsverlag, Münster-Hiltrup,*

– *(1991): Wasserkraft nutzen. 2. Aufl., AG Hessischer Wasserkraftwerke,*

– *(1992): Geruchs- und Schadgasemissionen aus der Tierhaltung. (KTBL-Arbeitspapier, 174) KTBL, Darmstadt,*

– *(1993): Baustoffe unter ökologischen Gesichtspunkten. Landesinstitut für Bauwesen NRW,*

– *(1993): Kosten landwirtschaftlicher Biogaserzeugung. (KTBL-Arbeitspapier, 185) KTBL, Darmstadt, 137,*

– *(1993): Marktführer erneuerbare Energiequellen/ rationelle Energieanwendung. 3. Aufl., C.F. Müller, Karlsruhe,*

– *(1993): Umweltverträgliche Verwertung von Festmist. (KTBL-Arbeitspapier, 182) KTBL, Darmstadt,*

– (1994): *Elektrosmog. Katalyse, Köln,*
– (1994): *Bauen mit Holz im ländlichen Bereich. BMELF, Bonn,*
– (1994): *Photovoltaik-Anwendungen im Agrarbereich. (KTBL-Arbeitspapier, 208) KTBL, Darmstadt,*
– (1994): *Umweltverträgliches Bauen in der Landwirtschaft. (KTBL-Arbeitspapier, 212) KTBL, Darmstadt,*
– (1994): *Umweltverträgliche Gülleaufbereitung. KTBL, Darmstadt,*
– (1994): *Windkraftanlagen - Marktübersicht 1994/95. Interessenverb. Windkraft Binnenland, Osnabrück,*
– (jährlich): *Richtpreise für den Neu- und Umbau landwirtschaftlicher Wirtschaftsgebäude und ländlicher Wohnhäuser. ALB Hessen, Kassel,*
– (fortlaufend): *Sammelordner »Bauwesen und Tierhaltung«. KTBL, Darmstadt,*
– (fortlaufend): *Baupreise - Neubau, Renovierung, Baubiologie. (Loseblattsammlung), Edition Aum, München*

BAHLO, K. und G. (1995): *Naturnahe Abwasserreinigung. 3. Aufl., Ökobuch, Staufen*

BARTUSSEK, H. (1979): *Untersuchungen für die Planung und den Bau von Hühnerställen - Versuch eines ganzheitlichen Ansatzes. 2. Aufl., BAL Gumpenstein, Österreich (vergr.)*

BARTUSSEK, H. (1988): *Haltung. In: Haiger, A., R. Storhas und H. Bartussek: Naturgemäße Viehwirtschaft. Ulmer, Stuttgart, 147 - 243*

BASERGA, U. und F. NYDEGGER (1992): *Erneuerbare Energien in der Landwirtschaft - Anwendungsbeispiele. (Impulsprogr. PACER) Bundesamt f. Konjunkturfragen, Schweiz*

BAUMANN, R. (1985): *Begrünte Architektur. 2. Aufl., Callwey, München*

BIELENBERG, H. (1963): *Der Einfluß des Stalles auf die Schweinemast. Braunschweig, Architektur-Diss.*

BILITEWSKI, B. (Hrsg.) (1993): *Recycling von Baureststoffen. EF-Verlag, Berlin*

BURDICK, B. (1994): *Klimaänderung und Landbau. (Alternative Konzepte, 85) C.F. Müller, Heidelberg*

BURGER, H. (1994): *Sanfter Baustoff Lehm in der Landwirtschaft. Witzenhausen, Dipl.-arb. agr.*

CLAUSNITZER, K.-D. (1995): *Historischer Holzschutz. 2. Aufl., Ökobuch, Staufen*

DAMM, T. (1994): *Umbau von Altgebäuden für die Tierhaltung. Ulmer, Stuttgart*

DIEL, F. (Hrsg.) (1993): *Innenraumbelastungen. Bauverlag, Wiesbaden*

ELLENBERG, H. (1990): *Bauernhaus und Landschaft. Ulmer, Stuttgart*

GRÜTZMACHER, B. (1993): *Grasdach und Dachbegrünung. Callwey, München*

HILLIGER, H. (1990): *Stallgebäude, Stalluft und Lüftung. Enke, Stuttgart*

HINZ, S., J. FISCHER und B. BECK (1993): *Förderfibel Energie. Deutscher Wirtschaftsdienst, Köln*

HÖRNING, B. (1994): *Auswirkungen der Intensivhaltung auf die Gesundheit der betreuenden Personen. In: AGKT, BAT, GÖT (Hrsg.): 8./9. Seminar Ökologische Tierhaltung. BAT, Witzenhausen, S. 91 - 114*

HÖRNING, B. (1995): *Zur Ökonomie der artgemäßen Tierhaltung. In: DEWES, T. und L. SCHMITT (Hrsg.): Beitr. 3. Wiss.-tagung Ökol. Landbau. Wiss. Fachverlag, Gießen, S. 153 - 156*

KÖNIG, G. VON (1991): *Bau von Wasserkraftanlagen. 2. Aufl.*

KÖNIG, H. (1993): *Wege zum gesunden Bauen. 6. Aufl., Ökobuch, Staufen*

KÖNIG, H.L. und E. FOKERTS (1992): *Elektrischer Strom als Umweltfaktor. Pflaum, München*

KÖTHE, H.K. (1992): *Stromversorgung mit Windgeneratoren. Franzis, Poing-München*

KÖTHE, H.K. (1994): *Stromversorgung mit Solarzellen. 4. Aufl., Franzis, Poing-München*

KOLB, J. (1992): *Systembau mit Holz. 2. Aufl., Schweiz. AG für Holz*

KRUPKA, B. (1992): *Dachbegrünung. Ulmer, Stuttgart*

KUR, F. (Hrsg.) (1993): *Wohngifte. 3. Aufl., Eichborn, Frankfurt/Main*

LADENER, H. (1993): *Solaranlagen. Ökobuch, Staufen*

LEISSE, B. (1994): *Holz natürlich behandeln. C.F. Müller, Heidelberg; Alembik, Braunschweig*

LEITGEB, N. (1990): *Strahlen, Wellen, Felder. dtv, München*

LEUCHTNER, J. und K. PREISER (1994): *Photovoltaik-Anlagen - Marktübersicht 1994/95. Öko-Institut, Freiburg*

MAES, W. (1995): *Streß durch Strom und Strahlung. 2. Aufl., Inst. Baubiol. Oekol., Neubeuern*

MINKE, G. (1994): *Lehmbau-Handbuch. Ökobuch, Staufen*

MÖNNINGHOFF, H. (Hrsg.) (1993): *Wege zur ökologischen Wasserversorgung. Ökobuch, Staufen*

MOLLY, J.-P. (1990): *Windenergie. 2 Aufl., C.F. Müller, Karlsruhe*

MOSS, A.R. (1993): *Methane, global warming and production by animals. Chalcombe, Kingston*

NIELSEN, V.C., J.H. VOORBURG und P. L'HERMITE (1986): *Odour prevention and control of organic sludge and livestock farming. Elsevier, London/New York*

NIELSEN, V.C., J.H. VOORBURG und P. L'HRTMITE (1987): *Volatile emissions from livestock farming and sewage operations. Elsevier, London/New York*

OHL, R. (1952): *Erfolgreiche Tierzucht durch naturgemäße Haltung. Dt. Bauernverl., Berlin (vergr.)*

REIL, G. und A.-M. MÖLLER (1994): *Anregungen zum Stallbau mit Leichtlehm. Witzenhausen, Proj.-arb. agr.*

SCHILLBERG, K. und H. KNIERIEMEN (1993): *Naturbaustoff Lehm. AT Verlag, Aarau (Schweiz)*

SCHNITZER, U. (1970): *Untersuchungen zur Planung von Reitanlagen. KTBL, Darmstadt*

SCHNITZER, U. (1980): *Der Standort als Planungsgrundlage landwirtschaftlicher Gebäude. (KTBL-Schrift, 259) KTBL, Darmstadt*

SCHREIER, N., A. WAGNER et al. (1993): *So baue ich eine Solaranlage. Wagner & Co, Cölbe*

SCHÜLE, R. und M. UFHEIL (1994): *Thermische Solaranlagen - Marktübersicht 1994/95. Öko-Institut, Freiburg*

SCHULZ, H. (1993): *Kleine Windkraftanlagen. 2. Aufl., Ökobuch, Staufen*

SIEDENTOPF, G. (1994): *Mit Naturfarben renovieren. C.F. Müller, Heidelberg; Alembik,*

STENHORST, P. (1994): *Heißes Wasser von der Sonne. Ökobuch, Staufen*

STEWEN, R. (1990): *Biologisch renovieren. Volksblatt, Köln*

TOMM, A. (1992): *Ökologisch planen und bauen. Vieweg, Braunschweig*

VOLHARD, F. (1990): *Leichtlehmbau - alter Baustoff, neue Technik. 4. Aufl., C.F. Müller, Karlsruhe*

WEISSENFELD, P. (1994): *Holzschutz ohne Gift. 11. Aufl., Ökobuch, Staufen*

WELLINGER, A., U. BASERGA u.a. (1991): *Biogas-Handbuch. 2. Aufl., Wirz, Aarau (Schweiz)*

WIARDS, H. (1994): *Das Ostfriesische Gulfhaus und dessen zeitgemäße Nutzung als artgemäßer Milchviehlaufstall. Witzenhausen, Dipl.-arb. agr.*

WIELAND, D. (1990): *Bauen und Bewahren auf dem Lande. 4. Aufl., Dt. Nat.-komitee f. Denkmalschutz, Bonn*

ZWIENER, G. (1994): *Ökologisches Baustoff-Lexikon. C.F. Müller, Heidelberg*

Rinderhaltung
Teil 6: Mineralstoff- und Vitaminversorgung der Milchkuh

Calcium und Phosphor, Kalium, Natrium, Magnesium, Spurenelemente, Vitamine

Jürgen Schneider

Calcium und Phosphor

Die Gesellschaft für Ernährungsphysiologie der Haustiere hat 1993 neue Empfehlungen zur Calcium- und Phosphorversorgung der Milchkühe veröffentlicht. Der Bedarf wird seither aus der Milchleistung und der Trockensubstanzaufnahme wie folgt abgeleitet:

Calcium: 2,5 g/kg Milchleistung + 2,0 g/kg TM-Aufnahme
Phosphor: 1,43 g/kg Milchleistung + 1,43 g/kg TM-Aufnahme

Aus beiden Formeln errechnen sich die Versorgungsempfehlungen (siehe Tabelle 1).

Ein Beispiel

Für eine Milchleistung von 30 kg benötigt eine Kuh 114 g Calcium und 71 g Phosphor (Ca: P-Verhältnis 1,6 : 1) bei einer TM-Aufnahme von rund 19,5 kg. Geht man davon aus, daß 14 kg TM aus Grundfutter und 5,5 kg TM aus Kraftfutter (Getreide, Leguminosen) stammen und das Kraftfutter auf Gehalte von 7 g Ca und 4 g Phosphor eingestellt ist, sollten im Grundfutter 5 g Ca je kg TM und 3,3 g P je TM enthalten sein (siehe Tabelle 2).

Grassilagen (Kleegrassilagen) ökologisch wirtschaftender Betriebe weisen im Vergleich zu konventionellen Silagen tendenziell *niedrigere Phosphorwerte* (Durchschnitt beim Ökoring Niedersachsen 1991/92: 3,2 g P/kg TM) und *höhere Calciumwerte* (Durchschnitt beim Ökoring 1991/92: 8,2 g Ca/kg TM) auf.
Die Mineralstoffgehalte der untersuchten Silagen variierten sehr stark (Ca von 3,5 bis 14 g/kg TM, P von 1,6 - 4,2 g/kg TM), so daß keine pauschale Fütterungsempfehlung erteilt werden kann.

Also: Grundfutteruntersuchungen mit Mineralstoffbestimmung durchführen. Eine zeitweise Über- oder Unterversorgung kann von der Kuh mit Hilfe von Regulationsmechanismen kompensiert werden. Das *Ca:P Verhältnis* in der Ration sollte etwa bei 1,5 - 2:1 liegen.

Folgelieferung Dezember '95

Tabelle 1: Calcium- und Phosphorbedarf der Milchkuh

Milchmenge (kg/Tag)	Futteraufnahme (kg T/Tag)	Calcium (g/Tag)	Calcium (g/kgT)	Phosphor (g/Tag)	Phosphor (g/kgT)
10	12,0	49	4,1	31	2,6
15	14,0	66	4,7	41	2,9
20	15,5	82	5,2	51	3,3
25	17,5	98	5,6	61	3,5
30	19,5	114	5,9	71	3,6
35	21,0	130	6,2	80	3,8
40	22,0	144	6,5	89	4,0

Tabelle 2: Deckung des Bedarfs

Bedarf bei 30 kg Milch:	114 g Ca	71 g P
– 6,3 kg Kraftfutter (5,5 kg TM):	44 g	25 g
Bedarf aus GF:	70 g	46 g
geteilt durch 14 kg GF TM:	5 g/kg TM	3,3 g/kg TM

Allerdings kann auch ein Ca:P Verhältnis von 3:1 toleriert werden, wenn die absolute Versorgung mit P sichergestellt ist.

Für die Trockenstehzeit gilt (insbesonders während der letzten zehn Tage vor der Geburt) *Calciumarme* Futtermittel (Stroh und Maissilage enthalten etwa 4 g Ca/ kg TM) und *Mineralfutter ohne Ca* verfüttern. Die Kuh sollte während dieser Zeit höchstenz 50 g Ca/ Tag erhalten.

Kalium, Natrium und Magnesium

Kalium ist immer ausreichend vorhanden, braucht also nicht über das Mineralfutter ergänzt werden. Von Bedeutung ist es als »Gegenspieler« von Natrium und sollte mit diesem in einem Verhältnis K:Na von 15:1 oder enger stehen.

Natrium ist der Mineralstoff, der *fast immer im Mangel* ist, da alle Grundfuttermittel (Ausnahme: Rüben und Rübenprodukte) und auch Getreide sehr natriumarm sind. Die Natriumversorgung kann über Viehsalz erfolgen, wobei das Salz über Lecksteine oder Mineralfuttervorratsbehälter verabreicht oder direkt über das Grundfutter (wie Maissilage) gestreut wird. Es besteht auch die Möglichkeit, Viehsalz beim Einsilieren zuzusetzen. Eine Überversorgung mit Natrium ist nicht zu befürchten. Überflüssiges Natrium wird über den Harn ausgeschieden.

Magnesium zeichnet sich durch seine schlechte Verwertung aus. Nur rund

Folgelieferung Dezember '95

20% des Futtermagnesiums werden von der Kuh genutzt. Durch Strukturmangel bei gleichzeitigem Protein- und Kaliumüberschuß sinkt die Absorptionsrate auf rund 10% und es kann so zur *(Weide)-Tetanie* kommen. Entgegenwirken kann man durch ausreichende Energieversorgung (Getreide, Maissilage), Versorgung mit Strukturfutter (Heu, gute Grassilage, Stroh) und Verabreichung eines *Weidemineralfutters mit hohem Magnesium- und Natriumanteil* (rund 10% Mg). Das Weidemineralfutter ist bereits vor dem ersten Austrieb einzusetzen. Nach der Übergangszeit (vier bis sechs Wochen) sollte wieder ein Mg-ärmeres Mineralfutter verabreicht werden.

Tabelle 3: Natrium- und Magnesiumbedarf

LM Kuh (kg)	Erhaltung Na	Erhaltung Mg	Leistung (kg Milch/Tag) 10 Na	10 Mg	20 Na	20 Mg	30 Na	30 Mg
550	7	11	13	17	19	23	25	29
600	8	12	14	18	20	24	26	30
650	9	13	15	19	21	25	27	31
700	10	14	16	20	22	26	28	32

Tabelle 4: Spurenelemente und Vitaminbedarf

Mineralstoffe	mg/kg Futter-TM Milch/Tag	mg insgesamt bei 5-30 kg	Vitamine abhängig von Laktionsstadium, Milchleistung und TM-Aufnahme	
Zink	50 – 60	700 – 1.200	ß-Carotin (mg)	150 – 500
Managan	50 – 60	700 – 1.000	Vit. A (i.E.)	30.000 – 100.000
Eisen	40 – 60	50 – 800	Vit. D (i.E.)	5.000 – 6.000
Kupfer	10	130 – 200	Vit. E (mg)	100 – 200
Jod	0,2 – 0,5	7 – 10		
Cobalt	0,1	2 – 3		
Selen	0,15 – 0,25	3 – 5		
Molybdän	< 0,2			

Spurenelemente

Auch die Spurenelementgehalte der Grundfuttermittel schwanken sehr stark. Meist reichen 50g Mineralfutter/Tier und Tag umd die Spurenelementversorgung sicher zu stellen. Nur bei extrem niedrigen Gehalten im Grundfutter kann es dabei zu Mangelerscheinungen kommen.

Vitamine

Der Karotingehalt des Futters sinkt mit steigender Anwelkdauer, steigender Trockenmasse und mit Dauer der Lagerung. Dies kann dazu führen, daß gegen Ende der Winterfutterperiode die β-Karotinversorgung nicht mehr ausreichend ist. Daraus resultiert gleichzeitig ein Vitamin A-Mangel. Auch Vitamin D (abhängig von UV-Strahlung) kann im Winter knapp werden. Vitamin E ist meist in ausreichenden Mengen im Futter enthalten. Auch der Vitaminbedarf wird mit 50g Mineralfutter gedeckt.

Folgelieferung Dezember '95

Sektion 08, Marketing und Vertrieb

Großverbraucher als Absatzweg

Preise und Mengen, Logistik, Vorverarbeitung, Service, Betriebsverpflegung, Anstalten, Restaurants, Einkauf, Einsatzbereiche und Produkte, Vorverarbeitungsgrad, Distributionspolitik, Speisenplanung, Werbung, Aufklärung, Öffentlichkeitsarbeit, betriebswirtschaftliche Aspekte, Ansprechen der Verantwortlichen

ROBERT HERMANOWSKI
UND RAINER ROEHL

Einleitung

Angesichts einer rasch steigenden Zahl von ökologisch wirtschaftenden Betrieben gibt es seit Anfang der neunziger Jahre verstärkt Bemühungen, den Großverbrauchermarkt für ökologisch erzeugte landwirtschaftliche Produkte zu erschließen. Zuvor gab es nur vereinzelt erfolgreiche Projekte, in denen Großküchen kontinuierlich von ökologisch bewirtschafteten Betrieben beliefert wurden. Zu nennen sind hier beispielhaft die Filder-Klinik in Filderstadt, die evangelische Akademie in Bad Boll und die Mensa in Oldenburg.

Den Großverbrauchermarkt auch in größerem Maßstab für ökologisch erzeugte Produkte zu erschließen, bietet sich aus mehreren Gründen an:

- Ein immer größer werdender Anteil der Ausgaben für Lebensmittel wird in Kantinen und Restaurants getätigt, dieser Absatzmarkt gewinnt daher immer mehr an Bedeutung.
- In Kantinen und Restaurants können neue Konsumentenkreise erreicht werden, die ansonsten eher schwer Zugang zu Produkten des ökologischen Anbaus finden würden.
- Insbesondere in qualitätsbewußten Einrichtungen werden ökologisch erzeugte Produkte auf einem hohen geschmacklichen Niveau zubereitet. Daher stellt der Einsatz von ökologisch erzeugten Produkten auch eine Werbung für den gesamten ökologischen Landbau dar.
- In Großküchen können auch solche Produkte abgesetzt werden, die ansonsten relativ schwer zu vermarkten sind. Das gilt zum Beispiel für Übergrößen bei Möhren, da diese in der Küche sowieso weiterverarbeitet werden.

Angesichts dieser Möglichkeiten, die der Großverbrauchermarkt bietet, setzt der ökologische Landbau in diesen Absatzweg teilweise sehr hohe Erwartungen, die vielerorts jedoch noch nicht erfüllt wurden. Probleme ergaben sich in folgenden Bereichen:

Preise

Die Preisunterschiede zwischen ökologisch erzeugten Produkten und konventionellen Vergleichsprodukten erwiesen sich häufig als großes Hindernis. Insbesondere im Klima einer rezessiven Wirtschaft wird als erstes an den Lebensmitteln gespart, was der Betreiber einer Kantine oder eines Restaurants besonders zu spüren bekommt. Wenn sich beispielsweise ein Menü in einer Kantine durch den Einsatz von Öko-Produkten um DM –,50 bis DM 1,– verteuert, mag dies auf den ersten Blick relativ wenig erscheinen. Erfahrungsgemäß neigen jedoch die Tischgäste dazu, diese Preisdifferenz auf das ganze Jahr hochzurechnen, da sie jeden Tag in der entsprechenden Kantine essen. Auf diese Weise werden aus DM –,50 bis DM 1,– Preissteigerung vermeintliche DM 200,– bis DM 300,–.

Mengen

Paradoxerweise können Mengenansprüche von Großverbrauchern zu groß und zu klein sein. Wenn beispielsweise eine Großküche mit 10.000 Essen pro Tag den regionalen Bezug von ökologisch erzeugten Tomaten oder Gurken, also typischen Gewächshauskulturen, wünscht, ist dies in der Regel nicht zu erfüllen, da das Angebot dafür nicht ausreicht. Abgesehen von kleinen saisonalen Spitzen gibt es eine strukturelle Unterversorgung von Feingemüse aus heimischem Anbau. Das liegt an fehlenden klimatischen Voraussetzungen. Erwartet dagegen eine kleine Kantine mit 100 bis 200 Essen alle zwei bis drei Tage eine direkte Belieferung mit Frischgemüse, scheitert der Aufbau einer Logistik häufig an den zu geringen Mengen. Die Erfahrungen in der Praxis zeigen, daß das letztgenannte Problem bei den bisherigen Projekten überwiegt. So ist es häufig nicht möglich, eine effiziente Logistik und ein ausreichendes Angebot zu schaffen, da die nachgefragten Mengen pro Lieferung für eine rentable Belieferung zu klein sind. Es sei deshalb auch davor gewarnt, bei ersten Gesprächen mit Großverbrauchern die absoluten Mengen pro Jahr für die Planungen zugrunde zu legen. Viel wichtiger ist die Planung, wieviel Produkte in welchen Monaten oder in welchem Bestellrhythmus gebracht werden.

Logistik

Insbesondere große Einrichtungen werden fast täglich von Lieferanten angefahren und bestellen damit »just in time«, eine Lagerhaltung wird also nur für einige Notrationen vorgenommen. Alle anderen Produkte werden morgens oder einen Tag vorher angeliefert und dann gleich verarbeitet. Für den Großverbraucher hat dies nur Vorteile: keine oder nur geringe Lagerkosten, keine Kapitalkosten und ein hoher Frischegrad der eingesetzten Produkte. Dies erfordert jedoch ein hohes Maß an Pünktlichkeit und Zuverlässigkeit seitens der Lieferanten, denn eine unpünktliche, geschweige denn unvollständige Lieferung kann verständlicherweise nicht akzeptiert werden, da die gelieferten Rohwaren schon einige Stunden später als fertiges Menü angeboten werden müssen.

Vorverarbeitung

Eng mit dem Problem Logistik sind die Anforderungen von Großverbrauchern an die Vorverarbeitung der eingekauften Rohwaren zu sehen. So wird Fleisch in der Regel portioniert, Kartoffeln geschält oder Möhren geschnitten eingekauft. Vielerorts muß die Struktur für die Vorverarbeitung ökologisch erzeugter landwirtschaftlicher Produkte erst aufgebaut werden. Dabei ist zuerst zu prüfen, inwieweit nicht die bestehende Struktur von Vorverarbeitung für Großverbraucher genutzt werden kann, da ansonsten relativ hohe Investitionskosten auf ökologisch wirtschaftende Betriebe oder Händler zukommen. Es hat sich gezeigt, daß beim Einsatz effizienter Technik durchaus eine schonende Vorverarbeitung für ökologisch erzeugte Produkte möglich ist und somit Verarbeitungsrichtlinien für die Verarbeitung von Öko-Produkten nicht verletzt werden (vergleiche SÖL-Sonderausgabe »Natur auf dem Teller«, Seite 23ff).

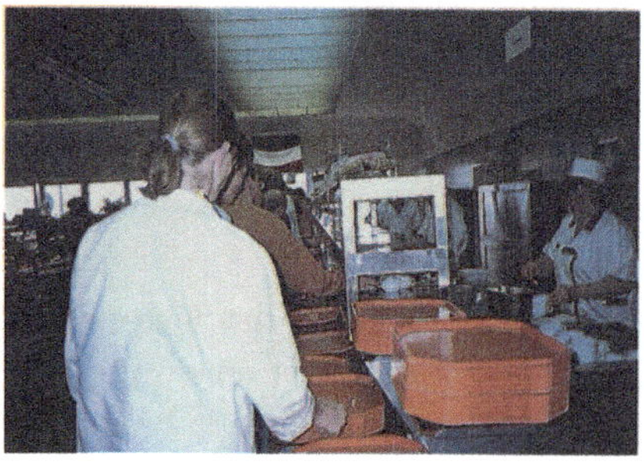

Abb. 1: *Ein reibungsloser Ablauf in der Küche und bei der Essenausgabe erfordert auch eine zuverlässige Belieferung*

Service

Unter diesem Punkt sollen in diesem Zusammenhang alle Leistungen verstanden werden, die über eine reine Bereitstellung der Rohwaren hinausgehen. Angesichts der Erklärungsbedürftigkeit ökologisch erzeugter Produkte spielt die Aufklärung der Tischgäste über die Vorzüge des ökologischen Landbaus und über die Entstehung der entsprechenden Preisdifferenzen eine entscheidende Rolle. Insbesondere kleine Anbieter sind jedoch nicht in der Lage, den Großverbrauchern ein entsprechendes Kommunikationspaket an die Hand zu geben.

Die Aufzählung dieser Anforderungen und Probleme soll nicht dazu dienen, den Anbieter von ökologisch erzeugten Produkten davon abzuhalten, den Großverbrauchermarkt für sich zu erschließen. Vielmehr soll deutlich werden, daß kontinuierliche Geschäftsbeziehungen nur dann zustande kommen, wenn professionell und mit einem entsprechenden Marketing-Konzept vorgegangen wird. Dabei müssen alle Aspekte von der Logistik über die Preisgestaltung und der entsprechenden Werbung/Verbraucheraufklärung bis hin zu Speisenplanung berücksichtigt werden.

Definition

Unter Großverbrauchern werden Einrichtungen verstanden, die mehr als dreißig Essen pro Tag zubereiten. Für die praktische Arbeit eines Anbieters von ökologisch erzeugten Produkten scheint eine Dreiteilung in folgende Gruppen sinnvoll:

Betriebsverpflegung

Dies sind Verpflegungseinrichtungen, die seitens eines Unternehmens für die Verpflegung der Beschäftigten unterhalten werden. Diese Verpflegungseinrichtungen arbeiten nicht gewinnorientiert, sondern geben die eingekauften Waren mit einem firmenspezifischen Zuschlag an die Tischgäste weiter. Dieser Zuschlag ergibt sich aus den Zuschüssen, die das Unternehmen an den Verpflegungsbereich gibt.

So gibt es Einrichtungen, bei denen sich der Essenspreis nur aus dem Wareneinsatz plus Mehrwertsteuer errechnet. Dies bedeutet, daß der Tischgast nur die variablen Kosten für den Wareneinsatz bezahlt und das Unternehmen die gesamten Fixkosten wie Raum-, Personal- und sonstige Kosten trägt. Dagegen gibt es auch Verpflegungseinrichtungen, bei denen die Tischgäste eine großen Teil der Fixkosten mit dem Essenspreis mittragen, so daß auf den Wareneinsatz bis zu 100 % aufgeschlagen werden. In diesen Einrichtungen haben die Kosten für den Wareneinsatz selbstverständlich eine noch größere Bedeutung als bei den Einrichtungen, bei denen nur ein relativ kleiner Aufpreis auf den Wareneinsatz bezahlt werden muß.

In der Regel gibt es mehrere Menüs zur Auswahl, oder es können in der sogenannten Komponentenwahl Menüs frei zusammengestellt werden. Der Erfolg eines ökologisch erzeugten Produktes hängt somit davon ab, ob die Tischgäste zu dem ökologischen Menü oder zu der ökologischen Komponente greifen. In den letzten Jahren gab es einen sehr starken Trend dahingehend, daß Unternehmen ihre Verpflegungseinrichtungen durch sogenannte Catering-Unternehmen bewirtschaften lassen. Beispielhaft seien die Catering-Unternehmen Eurest, RS-Catering, CCS oder

Aramark genannt. Dies bedeutet, daß ein Unternehmen einen Dienstleistungsvertrag mit dem Caterer schließt und damit die Bewirtschaftung der Küche in dessen Hände legt. Der Anbieter von ökologisch erzeugten Produkten muß sich daher nicht nur mit dem entsprechenden Unternehmen auseinandersetzen, in dem die Verpflegungseinrichtung arbeitet, sondern er muß sich auch mit dem Caterer in Kontakt setzen und gegebenenfalls beim Catering-Unternehmen gelistet werden.

Anstalten

Unter Anstalten werden in diesem Zusammenhang Einrichtungen verstanden, die zur Verpflegung über einen festen Kostensatz verfügen. Beispielhaft seien Krankenhäuser oder Altenheime als Anstalten genannt. Angesichts von Verpflegungssätzen von DM 8,– und weniger je Tag- und

Abb. 2: *In der Gemeinschaftsverpflegung geht der Trend von der preiswerten Massenverpflegung hin zum »Betriebsrestaurant«*

Wareneinsatz ist die Problematik offensichtlich. Solche Anstalten müssen im extremen Maße auf die Minimierung der Wareneinsatzkosten achten. In der Praxis zeigt sich dann auch, daß die Belieferung von Krankenhäusern oder Altenheimen mit ökologisch erzeugten Produkten zu den schwierigsten Aufgaben gehört, obwohl Krankenhäuser angesichts der Notwendigkeit einer gesunden Ernährung zu den größten Abnehmern für ökologisch erzeugte landwirtschaftliche Produkte zählen müßten.

Auch im Krankenhausbereich gibt es Tendenzen, die Verpflegung der Patienten und der Mitarbeiter durch Dienstleister zu gewährleisten. Beispielhaft sei hier das Unternehmen CCS in Düsseldorf genannt, das sich auf die Bewirtschaftung von Krankenhausküchen spezialisiert hat.

Restaurants

Im Vergleich zur Betriebsverpflegung und erst recht zur Anstaltsverpflegung spielt der Preis für den Wareneinsatz in Restaurants eine etwas geringere Rolle. Eine größere Bedeutung haben hier Personalkosten, die einen überproportional großen Anteil letztendlich am Essenspreis haben. Dies bedeutet, daß der Einsatz von ökologisch erzeugten Produkten dann schwierig wird, wenn er durch komplizierte Bestellung oder mangelndem Vorverarbeitungsgrad der Produkte einen erhöhten Arbeitszeitaufwand verursacht. Hauptproblem bei Restaurants als Abnehmer für ökologisch erzeugte Produkte stellt in der Regel jedoch das Mengenproblem dar, da Restaurants in der Regel nur relativ kleine Mengen eines Produkts und diese zudem unregelmäßig benötigen. Obwohl Restaurants relativ geringe Mengen verbrauchen, sollten Sie jedoch bei der Akquisition

Abb. 3: *Ein optisch und geschmacklich attraktives Angebot von Öko-Produkten in einem Restaurant fördert ein positives Image des ökologischen Landbaus*

nicht vernachlässigt werden, da sie als Imageträger für genußvolles Essen eine wichtige Funktion für den ökologischen Landbau einnehmen könnten.

Einkauf

Einkaufsverantwortung

Für den Anbieter von ökologisch erzeugten Produkten stellt sich die Frage, wer der Initiator für den Einkauf von ökologisch erzeugten Produkten ist. Auf den ersten Blick liegt es nahe zu vermuten, daß der Wunsch der Tischgäste nach ökologisch erzeugten Produkten zum Einkauf von Öko-Produkten führt. Erfahrungsgemäß wird der Ruf der Tischgäste nach Öko-Produkten jedoch nie so laut, daß die Küchenleitung zwangsläufig solche Produkte einsetzen muß. Sogar in Mensen, die angesichts einer überdurchschnittlich engagierten Klientel besonders aufgeschlossen gegenüber Öko-Produkten sind, gibt es eine große Differenz zwischen Wollen und Tun. So gibt es durchaus Erfahrungen, daß der Ruf der Studenten nach Öko-Produkten zwar umgesetzt wurde, aber an der mangelnden Zahlungsbereitschaft der Studentinnen und Studenten scheiterte.

Die Erfahrungen in der Vergangenheit haben gezeigt, daß dem Verantwortlichen in der Küche (Küchenleitung) eine erhebliche Rolle zukommt. Eine engagierte Küchenleitung plant mit den Anbietern realistische Konzepte, läßt sich durch erste Mißerfolge nicht entmutigen, entwickelt das Konzept weiter und verhilft mit geschickter Speisenplanung und Kalkulation den Öko-Produkten zum Erfolg. Wird dagegen eine Küchenleitung zum Einsatz von Öko-Produkten »gezwungen«, fällt es ihr leicht, erste Anlaufschwierigkeiten als Alibi für den Abbruch der Geschäftsbeziehung zu nutzen. Wenn somit die zentrale Rolle der Küchenleitung erkannt ist, stellt sich die Frage, wie diese für den Einsatz von ökologisch erzeugten Produkten gewonnen werden kann.

Eine Graphik zeigt die komplexen Einflußfaktoren, die auf die Küchenleitung einwirken (Abbildung 4). Grundsätzlich kann zwischen einem beruflichen Umfeld und einem privaten Umfeld unterschieden werden, das die Entscheidungen der Küchenleitung beeinflußt. Im beruflichen Umfeld sind zuerst die Tischgäste zu nennen, deren Wünsche nach ökologisch erzeugten Produkten an die Küchenleitung herangetragen werden und somit zum Einsatz von ökologisch erzeugten Produkten führen können. In großen Einrichtungen wie Mensen werden Speisenplanung und Einkauf arbeitsteilig erledigt. In solchen Einrichtungen ist der Einkauf mit einzubeziehen.

Auch eine gezielte Ansprache seitens eines Anbieters von ökologisch erzeugten Produkten kann zur Motivation der Küchenleitung beitragen. Wie oben erwähnt, werden vermehrt Kantinen von sogenannten Catering-Unternehmen bewirtschaftet, so daß die Einkaufspolitik des Catering-Unternehmens auch Auswirkungen auf die Bereitschaft der Küchenleitung hat, ökologisch erzeugte Produkte einzusetzen. In der Praxis zeigen Catering-Unter-

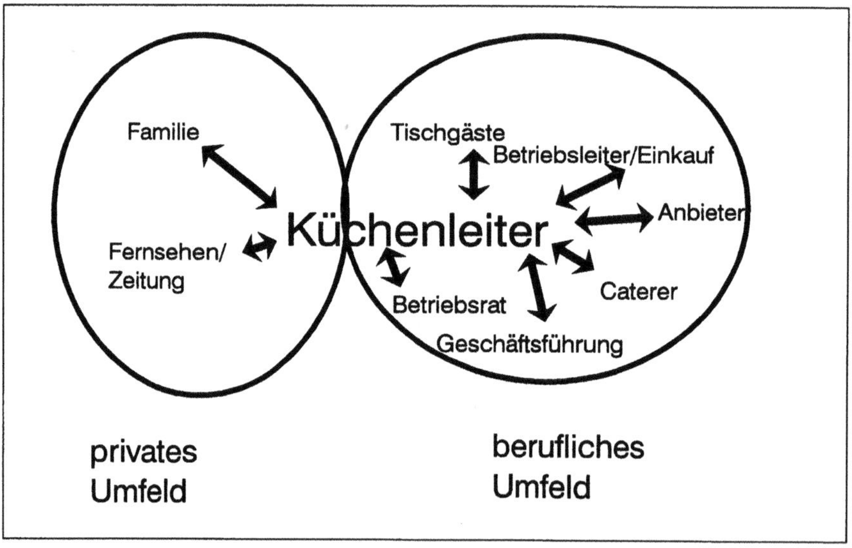

Abb. 4: *Wer wirkt bei Entscheidungen mit?*

nehmen durchaus Bereitschaft, den Einsatz von ökologisch erzeugten Produkten als Teil der Firmenphilosophie einer qualitätsbewußten Bewirtschaftung von Kantinen zu sehen. Weiterhin ist zu berücksichtigen, ob der Einsatz von ökologisch erzeugten Produkten zur Gesamtphilosophie des Unternehmens paßt, in dem die Kantine angesiedelt ist. Eine Anekdote mag dies verdeutlichen: Eine aufgeschlossene Küchenleitung setzte ökologisch erzeugte Kartoffeln in der Kantine eines Chemiemultis ein und bewarb diese mit dem Kennzeichen »ohne Chemie erzeugt«. Das Aus für den Einsatz von Öko-Kartoffeln kam zu dem Zeitpunkt, als eine internationale Tagung zum Thema »moderner Pflanzenschutz mit Chemie« im Hause tagte und die Teilnehmer ihr Mittagessen in der Kantine einnahmen.

Aber nicht nur die Geschäftsführung des Unternehmens hat Einfluß auf den Einkauf in der Kantine, sondern indirekt auch der Betriebsrat, der in vielen Einrichtungen leider immer noch sein einziges Augenmerk auf das Ziel richtet, den Tischgästen oder der Belegschaft ein möglichst preiswertes und mengenmäßig umfangreiches Essen anzubieten.

Mindestens ebenso wichtig wie das berufliche Umfeld ist das private Umfeld der Küchenleitung bezüglich der Motivation, ökologisch erzeugte Produkte einzusetzen. So ist es eher die Regel, daß man sich zuerst privat für ökologisch erzeugte Produkte interessiert, diese einkauft und dann versucht, diese auch im beruflichen Umfeld, also in der eigenen Kantine einzusetzen.

Zusammenfassend läßt sich sagen, daß sehr viele Einflüsse dafür verantwortlich sind, daß ökologisch erzeugte Produkte in einer Verpflegungseinrichtung eingesetzt werden. Es reicht deshalb nicht aus, »nur« die Tischgäste zu gewinnen. Vielmehr muß mit geeigneten Instrumenten der Kommunikationspolitik versucht werden, die verschiedenen Akteure für den Einsatz von ökologisch erzeugten Produkten zu gewinnen. Beispielsweise kann es durchaus angebracht sein, auch mit der Geschäftsführung und/oder dem Betriebsrat eine Besichtigung eines ökologisch wirtschaftenden Betriebes vorzunehmen.

Einkaufsverhalten

Da bei Großverbrauchern in der Regel für den täglichen oder höchstens wöchentlichen Bedarf eingekauft wird, entfällt die Notwendigkeit einer umfangreichen Lagerhaltung. Dies setzt ein hohes Maß an Professionalität und Flexibilität auf seiten der Anbieter voraus. Für den Anbieter von ökologisch erzeugten Produkten sind dabei folgende Aspekte von großer Bedeutung:

Lieferantenkonzentration

Aus arbeitswirtschaftlichen Gründen wird versucht, den Einkauf von Waren auf möglichst wenige Lieferanten zu beschränken. Sollte nun ein Lieferant für ökologisch erzeugte Produkte dazukommen, ist das für den Großverbraucher einsichtig und machbar. Es ist nicht praktikabel, für jede Produktgruppe einen zusätzlichen Lieferanten für ökologisch erzeugte Produkte aufzunehmen. Deshalb sollte in jedem Fall überlegt werden, inwieweit ökologisch erzeugte Produkte durch bestehende Lieferanten oder gebündelt von einem Lieferanten geliefert werden können.

Keine Abnahmeverträge

Auch bei sehr großen Einrichtungen mit 10.000 Essen und mehr pro Tag ist es nicht üblich, mit Lieferanten vertragliche Abnahmeverpflichtungen einzugehen. Lieferanten müssen deshalb immer Produkte in ausreichender Menge vorrätig halten, ohne die Gewißheit zu haben, diese Mengen auch angemessen vermarkten zu können. Der Grund hierfür liegt in der Marktmacht begründet, die Großverbraucher gegenüber einer Vielzahl von potentiellen Lieferanten haben. Das führt dazu, daß sich Großverbraucher zuverlässig mit ausreichend großen Mengen versorgen können, ohne entsprechende Verträge abzuschließen. Für Anbieter von ökologisch erzeugten Produkten und hier insbesondere von ökologisch erzeugten Frischwaren wie Gemüse oder Fleisch stellt dies ein großes Problem dar, da die verfügbaren Mengen nicht ausreichen, um Vorräte in der vagen Hoffnung auf eine Vermarktung an Großküchen anzulegen. Dabei belegt beispielsweise die Babykostindustrie, daß es durchaus möglich ist, bei vertraglichen Abmachungen ökologisch erzeugte Produkte in großen Mengen mit guter Qualität zuverlässig liefern zu können. Diese Problematik wird in der Praxis in der Weise aufgelöst, daß es zwar keine schriftlichen Abnahmeverträge seitens der Großverbraucher gibt, aber mit mündlichen Abmachungen ein vertragsähnlicher Zustand herbeigeführt wird und somit der Anbieter mit einer gewissen Sicherheit gezielt zur Befriedigung der Bedürfnisse von Großverbrauchern produzieren kann. Dies setzt ein großes Vertrauensverhältnis auf beiden Seiten voraus.

Mindestbestellmengen

Ein für den Anbieter rentabler Vertrieb setzt voraus, daß pro Bestellung ein gewisser Mindestumsatz erreicht wird. Dies kann bei relativ kleinen Einrichtungen mit 200 Essen und weniger zu einem Problem werden, da hier der Mindestumsatz auch mal unterschritten werden kann. Dieses Problem lösen Lieferanten für Großverbraucher in der Regel durch zwei Möglichkeiten: Erstens liefert ein Lieferant wie oben erwähnt eine relativ breite Produktpalette wie beispielsweise das gesamte Gemüse und versucht, durch Ergänzungen wie beispielsweise durch vorverarbeitete Ware auf den Mindestumfang zu kommen. Zweitens betrachten Lieferanten ihren Kundenstamm als Pool, in dem es sehr große und auch kleine Einrichtungen gibt, so daß teilweise kleine Einrichtungen von den relativ großen Einrichtungen »getragen« werden. Dies betrifft insbesondere das Geschäftsverhältnis mit Caterern, die große sowie kleine Einrichtungen bewirtschaften und bei einer Abmachung mit einem Lieferanten erwarten, daß dieser sich nicht nur die »Rosinen«, sprich die großen Einrichtungen, »herauspickt«. Für den Anbieter von ökologisch erzeugten Produkten sind diese Lösungsansätze häufig nicht geeignet, da diese in der Regel am Anfang weder eine breite Produktpalette liefern können, noch über einen ausreichend breiten Kundenstamm verfügen, um eine solche Mischkalkulation durchführen zu können. Aus diesem Grund ist die fehlende Rentabilität der Belieferung von kleineren Küchen eines der Hauptprobleme bei der Erschließung des Absatzweges Großverbraucher für ökologisch erzeugte Produkte.

Zusatzvereinbarungen

Angesichts einer steigenden Nachfragemacht durch Konzentrationsprozesse insbesondere durch die Ausweitung des Catering-Geschäftes müssen Lieferanten immer mehr Verpflichtungen eingehen, bevor sie Großverbraucher beliefern können. So setzen Listungen voraus, daß sich der Lieferant beispielsweise zu Aktionen verpflichtet, Rückvergütungen zahlt und/oder sich zur Zahlung von Schadensersatz verpflichtet, wenn Ware nicht in der ausreichenden Menge und/oder Qualität geliefert wird. Damit sind Tendenzen erkennbar, daß die Beschaffung im Großverbrauchermarkt sich dem konventionellen Einzelhandel annähert, bei dem die Listung schon jetzt mit vielfältigen Verpflichtungen bezüglich Werbung, Listungsgebühren und Regalpflege verbunden ist. Für den ökologischen Landbau ist dies sicherlich keine erfreuliche Entwicklung, da Anbieter von Öko-Waren eine noch schwächere Position haben, als dies bei konventionellen Anbietern im Großverbraucherbereich der Fall ist. Wenn sich dann noch Anbieter von Öko-Produkten untereinander Konkurrenz machen, trifft ein durch »atomistische« Struktur extrem schwaches Angebot auf eine sehr starke Nachfragemacht, was letztendlich Auswirkungen auf die Preise haben wird.

Einsatzbereiche und Produkte

Grundsätzlich lassen sich drei Möglichkeiten unterscheiden, ökologisch erzeugte Produkte bei Großverbrauchern einzusetzen. Je nach Einsatzbereich handelt es sich um verschiedene Produktgruppen.

Mittagsverpflegung

Mengenmäßig ist die Mittagsverpflegung der interessanteste Absatzbereich. Bezüglich des Einsatzes von ökologisch erzeugten Produkten wurden die besten Erfahrungen mit Gemüse gemacht, da insbesondere bei Feldgemüse die Bedürfnisse und Möglichkeiten von Anbieter und Abnehmer am ehesten in Einklang zu bringen sind. Die Produktgruppe Fleisch hat zwar grundsätzlich in der Mittagsverpflegung eine sehr große Bedeutung; die Erfahrungen im Einsatz von Öko-Fleisch sind jedoch bisher wenig erfolgreich. Neben logistischen Problemen bei der Bereitstellung von Teilstücken in homogener Qualität ist im wesentlichen das Preisproblem zu nennen, da sich der höhere Preis für Öko-Fleisch durch den hohen Anteil von Fleisch an den Gesamtkosten relativ stark auf den Verkaufspreis eines Menüs auswirkt. Der Einsatz von ökologisch erzeugten Milchprodukten wird neben logistischen Problemen durch den Umstand gehemmt, daß der Einsatz von beispielsweise Sahne oder Quark bei der Essenszubereitung werblich nicht so gezielt herausgestellt werden kann. Aus diesem Grund fällt es schwerer, den höheren Preis bei Milchprodukten an die Tischgäste weiterzugeben. Der Einsatz von Getreide spielt mengenmäßig eine untergeordnete Rolle. Es ist daher nicht davon auszugehen, daß in Zukunft der Anteil von Getreidegerichten wächst. Bisher nur wenig Erfahrungen liegen mit dem Angebot von ökologisch erzeugten Convenience-Produkten wie Getreidebratlingen oder Maultaschen vor. Es ist jedoch davon auszugehen, daß es in Zukunft einen Markt für diese Produkte gibt.

Zwischenverpflegung

In vielen Einrichtungen besteht für die Tischgäste die Möglichkeit, sich im Rahmen eines zweiten Frühstücks oder einer Kaffeepause mit Getränken, belegten Brötchen, Gebäck, Obst oder Schokoriegel zu versorgen. Diese Produkte könnten grundsätzlich auch aus ökologischem Landbau bezogen werden. Trotzdem werden in diesem Bereich bisher jedoch nur relativ wenig ökologisch erzeugte Produkte eingesetzt. Dafür mag es im wesentlichen zwei Gründe geben. Erstens wird die Zwischenverpflegung im Vergleich zur Mittagsverpflegung profitorientiert betrieben, so daß versucht wird, möglichst preiswert einzukaufen. Zweitens handelt es sich bei der Zwischenverpflegung um relativ kleine Mengen, so daß man bei einer Lieferung von wenigen Artikeln für die Zwischenverpflegung nur relativ schwer auf Mindestbestellmengen kommt, die für eine rentable Belieferung notwendig sind. Trotzdem sollte man diesen Bereich

Abb. 5: *Öko-Apfelsaft ist ein geeignetes Produkt für die Zwischenverpflegung und kann über eine Aktion eingeführt werden*

nicht ganz außer Acht lassen, da er für einige Produkte wie beispielsweise Säfte ein sehr interessanter Absatzmarkt sein könnte.

Sonderverkaufsstände

Im Rahmen von Sonderverkaufsständen kann den Tischgästen die Möglichkeit gegeben werden, sich für ihren privaten Konsum mit Produkten des ökologischen Landbaus zu versorgen. Positive Erfahrungen wurden hier mit den Produktgruppen Brot, Käse und Wurst gemacht.

Erfahrungsgemäß kann es einige Wochen dauern, bis sich der feste Verkaufstermin herumgesprochen hat und sich der Umsatz auf einer rentablen Höhe stabilisiert. Dabei ist es nicht möglich, allgemeingültige Hinweise über den Rhythmus oder den Tag zu geben, an dem der Sonderverkaufsstand aufgebaut werden sollte. Erfahrungsgemäß muß dies ausprobiert werden und erste Erfahrungen müssen zu Reaktionen seitens des Anbieters führen, indem der Rhythmus verlängert oder verkürzt wird. Sehr hilfreich ist dabei das Gespräch mit der Küchenleitung und dem Küchenpersonal, das Wünsche und Reaktionen der Tischgäste besser einschätzen kann. Ebenso schwierig ist es, allgemeingültig zu sagen, welcher Standort sich optimal für einen Verkaufsstand eignet. So spricht für einen Verkaufsstand im Eingangsbereich, daß die Tischgäste die Ware mit besonderem Appetit betrachten und die Ware vielleicht sogar zusammen mit dem Mittagessen bezahlen können. Bei bargeldlosen Chipkartenzahlungssystemen stellt das eine wichtige Voraussetzung dar. Andererseits spricht für einen Standort im Ausgangsbereich, daß die Tischgäste hier gesättigt sind und mit mehr Ruhe das Warenangebot begutachten und einkaufen.

Abb. 6: *Ein Sonderverkaufsstand kann gleichzeitig zwei Ziele verfolgen: Umsatz und Öffentlichkeitsarbeit*

Folgelieferung Dezember '95

Letztendlich muß in der Einrichtung vor Ort entschieden werden, welcher Standort sich besser eignet. Oft zeigen erste Versuche, inwieweit der Standort beibehalten werden kann oder geändert werden muß. Allgemeingültig kann jedoch gesagt werden, daß eine größere Einrichtung sich in jedem Fall besser für einen Sonderverkaufsstand eignet, da die höhere Anzahl der Tischgäste ein größeres Potential an Käufern darstellt und somit die Wahrscheinlichkeit größer ist, daß ein rentabler Umsatz getätigt werden kann.

Vorverarbeitungsgrad

Der Einsatz von vorverarbeiteten Waren wie geschältem und geputztem Gemüse oder Teilstücken bei Fleisch hat für Großverbraucher viele Vorteile:

- Die Küche bindet in geringerem Maße feste Arbeitskräfte
- Es entstehen geringere oder keine Maschinen- sowie Raumkosten für die Vorverarbeitung
- Es entsteht weniger oder gar kein Abfall wie Putzabfälle bei Gemüse oder Knochen bei Fleisch

Angesichts dieser Vorteile für Großküchen wird in der Regel schon bei der Planung einer Neuerrichtung der Einkauf von vorverarbeiteter Ware vorausgesetzt, so daß viele Einrichtungen nicht mehr über technische und personelle Kapazitäten verfügen, Ware selbst küchenfertig zuzubereiten. Deshalb müssen auch Anbieter von ökologisch erzeugten Waren ihre Produkte in dem erforderlichen Vorverarbeitungsgrad anliefern. Das bedeutet selbstverständlich nicht, daß ökologisch erzeugte Produkte mit bedenklichen Verfahren oder Stoffen verarbeitet oder konserviert werden. Beispielhaft sei hier die geschälte Kartoffel genannt, die zur Konservierung in der Regel geschwefelt wird, was für ökologisch erzeugte Produkte selbstverständlich ausscheidet. Ökologisch erzeugte Kartoffeln werden deshalb vakuumiert angeboten, so daß auf den Einsatz von Schwefel verzichtet werden kann.

Angesichts relativ hoher Kosten für Geräte der Vorverarbeitung und der Notwendigkeit, eine effiziente Logistik für diese Produkte aufzubauen, bietet es sich für die Anbieter von ökologisch erzeugten Produkten in der Regel an, die

Abb. 7: *Vakuumieren von Kartoffeln auf einem ökologisch bewirtschafteten landwirtschaftlichen Betrieb*

bestehende Struktur von Unternehmen der Vorverarbeitung für ihre Produkte zu nutzen. Dies bedeutet selbstverständlich, daß sich die Vorverarbeitungsbetriebe der Kontrolle der EU-Verordnung ökologischer Landbau unterziehen. Eine andere Möglichkeit besteht auch darin, mit ökologisch wirtschaftenden landwirtschaftlichen Betrieben zusammenzuarbeiten, die im Rahmen sozialer Projekte wie Arbeit mit Behinderten oder Langzeitarbeitslosen daran interessiert sind, möglichst viel Arbeitsplätze in ihren Betrieben zu schaffen. Auf diese Weise ist es beispielsweise in Hessen gelungen, ein umfangreiches Angebot von geschälten Kartoffeln aus ökologischem Landbau auch für große Einrichtungen sicherzustellen.

Marketing für den Einsatz von ökologisch erzeugten Produkten bei Großverbrauchern

Logistik (Distributionspolitik)

Grundsätzlich gibt es vier Möglichkeiten, wie ökologisch erzeugte Produkte zu Großverbrauchern gelangen können, Mischlösungen (zum Beispiel liefert eine Erzeugergemeinschaft über den konventionellen Handel aus) sind möglich: Alle vier Vermarktungswege haben Vor- und Nachteile, so daß nicht jeder als idealer Ansatz empfohlen werden kann. Vielmehr muß im jeweiligen Einzelfall geprüft werden, ob Nachteile kompensiert werden können oder wie die jeweiligen Vor- und Nachteile gewichtet werden müssen.

Ziel ist der Aufbau einer Belieferungsstruktur, die auf der einen Seite eine rentable Vermarktung seitens der Anbieter gewährleistet und auf der anderen Seite die Bedürfnisse des Abnehmers hinsichtlich Pünktlichkeit, Zuverlässigkeit, Frische, Service und Preiswürdigkeit befriedigt.

Direkte Belieferung durch Landwirte

- \+ großes Vertrauen in die garantierte Herkunft der Produkte, da der Bezug nachvollziehbar ist
- \+ bei effizienter Belieferungsstruktur hoher Frischegrad der Produkte durch kurze Transportwege
- \+ bei vertrauensvoller Zusammenarbeit hohe emotionale Bindung zwischen Küchenleitung und Landwirt
- \+ geringere Umweltverschmutzung durch kurze Transportentfernungen
- \+ direkter Kontakt ermöglicht es dem Landwirt, unmittelbar auf Wünsche oder Kritik des Abnehmers einzugehen
- – schmale Produktpalette mit saisonale Engpässen bei Gemüse
- – häufig Schwierigkeiten beim Bestellwesen (zum Beispiel unvollständige Lieferung)

Abb. 8: *Eine direkte Belieferung kann genutzt werden, den direkten Bezug werblich herauszustellen, wie auf dem Bild das Beispiel eines Gemüsebaubetriebes*

– fehlende Kapazitäten bei der Betreuung des Großverbrauchers beispielsweise hinsichtlich Speisenplanung und/oder Aktionsdurchführung zur Information der Tischgäste

Angesichts einer unvollständigen Produktpalette, über die die meisten landwirtschaftlichen Betriebe nur verfügen, kommt in der Regel eine direkte Belieferung von Großverbrauchern für landwirtschaftliche Betriebe nur in einer Gruppe in Frage. Hier besteht jedoch schon der Übergang zu einer Erzeugergemeinschaft.

Erzeugergemeinschaften

\+ Zusammenfassung des verstreuten Angebots, größere Mengen und umfangreichere Produktpaletten
\+ Geschäftsführer kümmert sich gezielt um zuverlässige Warenbeschaffung und um Betreuung der Kunden
\+ Erzeugergemeinschaften gewährleisten eher die Bereitstellung einheitlicher Partien mit ausreichender Qualität
– Häufig sind Erzeugergemeinschaften auf die Bedürfnisse der Belieferung ihrer traditionellen Partner im Naturkosthandel, Bäckereien oder traditionelle Verarbeiter von ökologisch erzeugten Produkten spezialisiert und müssen erst die Bedürfnisse von Großverbrauchern kennenlernen, um diese dann umzusetzen
– In der Regel verfügen Erzeugergemeinschaften über keine geeignete Struktur, um beispielsweise eine tägliche Belieferung mit Gemüse vorzunehmen. Ebensowenig verfügen Erzeugergemeinschaften über die Möglichkeit, Produkte großküchengerecht vorzubereiten

Insbesondere aus dem letzten Grund bietet es sich deshalb in der Regel an, daß Erzeugergemeinschaften mit Unternehmen der Vorverarbeitung und/oder des Handels zusammenarbeiten, um die erfaßten Waren letztendlich an den Großverbraucher zu bringen. Auch wenn damit eine Handelsspanne für die Erzeugergemeinschaften verlorengeht, kann dies rentabler als der Aufbau einer eigenen Vorverarbeitungsstruktur oder Logistik sein.

Naturkosthandel

- + Hohe Beratungskompetenz in Fragen von Naturkost durch Jahre oder zum Teil jahrzehntelange Erfahrung
- + breite Produktpalette bis hin zum Vollsortiment
- + Möglichkeit des Ausgleichs von saisonalen Engpässen durch Import von ökologisch erzeugtem Gemüse
- – Liefertouren und Bestellrhythmus in der Regel auf die Belieferung von Naturkostläden spezialisiert
- – häufig unzureichende Kenntnisse über den Großverbrauchermarkt
- – teilweise geringe Motivation, dieses Marktsegment zu erschließen

In den letzten Jahren haben sich vor allem Naturkostgroßhändler gegründet, die ihr Firmenkonzept gezielt auf den Großverbrauchermarkt zugeschnitten haben, so daß der Naturkosthandel durchaus ein zuverlässiger und geeigneter Partner für Großverbraucher sein kann.

Konventioneller Handel

- + Kenntnis der Bedürfnisse von Großverbrauchern
- + eine Produktgruppe aus einer Hand, so daß keine neuen Lieferanten gelistet werden müssen
- + Vorhandensein von geeigneten Strukturen der Vorverarbeitung und Logistik, um die Produkte pünktlich und zuverlässig in dem notwendigen Vorverarbeitungsgrad ausliefern zu können
- – geringe Beratungskompetenz bezüglich der erklärungsbedürftigen Produkte
- – Teilweise führt eine geringe Motivation der Aufnahme dieser Produktgruppe zur Problematik, daß durch entsprechene Aufschläge ökologisch erzeugte Produkte zu teuer werden und damit zu Mißerfolgen führen
- – Obwohl sich Händler und Vorverarbeitung der entsprechenden Kontrolle im Rahmen der EU-Verordnung Ökologischer Landbau unterziehen müssen, wird seitens der Großverbraucher eine Verwechslung oder sogar Betrug nicht ausgeschlossen, so daß der konventionelle Handel nicht das Vertrauen genießt wie beispielsweise bei einer direkten Belieferung durch den Landwirt

In der Praxis gilt es dann für einen Anbieter von ökologisch erzeugten Produkten, die vier Möglichkeiten grundsätzlich zu prüfen und auch zu überlegen, inwieweit Kombinationen möglich sind. So kann es durchaus sein, daß der direkteste Weg nicht der rentabelste Weg ist, wenn beispielsweise der Landwirt für Kleinstmengen einen Arbeitszeitaufwand hat, der eine rentable Belieferung ausschließt. Auch eine Investition in eine Vorverarbeitungseinrichtung muß sorgfältig überlegt werden, da die entstehenden Fixkosten eine Vorverarbeitung für einzelne Landwirte oder auch Erzeugergemeinschaften häufig unrentabel macht. Hier kann es durchaus sinnvoll sein, bestehende Kapazitäten umliegender Unternehmen der Vorverarbeitung zu nutzen.

Speisenplanung (Produktpolitik)

Dabei muß kontinuierlich nicht unbedingt bedeuten, daß die Geschäftsbeziehung über das gesamte Jahr hinweg anhält. So gibt es Geschäftsbeziehungen, bei denen in jedem Sommer und somit kontinuierlich jedes Jahr in derselben Jahreszeit ökologisch erzeugte Produkte Eingang in die Küche finden, während in den angebotsarmen Winter- und Frühjahrsmonaten konventionelle Produkte zum Zuge kommen.

Ziel ist es, kontinuierlich ökologisch erzeugte Produkte in die Speisenplanung zu integrieren. Dabei muß das Menü ein hohe geschmackliche Qualität haben und für die Tischgäste sollte deutlich werden, welche Bestandteile aus ökologischem Landbau stammen.

Die folgende Checkliste zur Speisenplanung läßt sich unterscheiden in die Punkte »Was soll ich tun« und Punkte »Was soll ich nicht tun«.

Was soll ich tun:

+ vorverarbeitetes Gemüse anbieten
+ ökologisch erzeugte Produkte nicht nur in den gesundheitsorientierten Menüs oder in der vegetarischen Schiene anbieten
+ ökologisch erzeugte Produkte bevorzugt in sogenannten »Rennern« anbieten (Gerichte, die in den jeweiligen Einrichtungen durch ihr gutes Preis-/Leistungsverhältnis erfahrungsgemäß sehr gut verkauft werden)
+ Problematik der Teilstückvermarktung bei Fleisch über die Einbringung von Öko-Hackfleisch in entsprechenden Gerichten oder über den Einsatz von Öko-Wurst beheben
+ ökologisch erzeugte Produkte in jahreszeitgemäßen und/oder regionalen Gerichten anbieten
+ Speisen mit ökologisch erzeugten Produkten besonders attraktiv und möglichst mit Erlebnischarakter anbieten wie Reispfannen oder frische Salatkreationen.

Was soll ich nicht tun:

– Verzicht auf sogenannte Vollwert-Convenience-Produkte, die keine ökologisch erzeugten Zutaten enthalten
– Gleichsetzung von »Öko« und »Vollkorn«, da insbesondere Vollkornnudeln auf geringe Akzeptanz seitens der Tischgäste treffen

Grundsätzlich gibt es zwei alternative Strategien, ökologisch erzeugte Produkte in der Speisenplanung eines Großverbrauchers zu integrieren:

Austausch von Komponenten

Besonders sinnvoll hat es sich in der Praxis erwiesen, einzelne Komponenten in allen Menüs auszutauschen, um so möglichst größere Mengen eines Produkts wie beispielsweise Kartoffeln, Möhren oder Kraut liefern zu können. Wenn diese Komponenten dauerhaft und konsequent ausgetauscht werden, kann auf den ökologischen Bezug dieser Komponenten gezielt hingewiesen werden.

Angebot eines Öko-Menüs

Das Angebot eines Öko-Menüs erscheint auf den ersten Blick schlüssiger, da hier die Tischgäste sich umfassender mit ökologisch erzeugten Produkten versorgen können. In der Umsetzung bringt diese Vorgehensweise jedoch eine Vielzahl von Problemen. Zuerst sind die Beschaffungsprobleme zu nennen, da für dieses Öko-Menü eine Vielzahl von Zutaten in relativ kleinen Mengen beschafft werden müssen. Dies stellt den Anbieter vor erhebliche logistische Probleme und er muß teilweise Produkte liefern oder zukaufen, die er ansonsten nicht im Angebot hat. Weiterhin müßten konsequenterweise im Angebot eines Öko-Menüs auch Öle, Fette, Gewürze und sonstige Zutaten aus ökologischem Landbau bezogen werden. Das bedeuetet jedoch einen erheblichen organisatorischen Aufwand für die Küche, da beispielsweise Gewürze und Öle getrennt gehandhabt werden müßten. Werden diese Zutaten jedoch weiterhin aus konventionellem Anbau bezogen, stellt sich die Frage, ob die Deklaration als »Öko-Menü« noch gerechtfertigt ist. Als weiteres großes Problem ist die hohe Preisdifferenz zu nennen, die bei einem Austausch aller Komponenten in einem Menü durch ökologisch erzeugte Produkte auf die Tischgäste zukommt, die zum Öko-Menü greifen. Erfahrungen haben gezeigt, daß viele Tischgäste zwar mit dem Öko-Menü liebäugeln, aber aus preislichen Gründen dann doch das konventionelle Menü wählen, so daß der Absatz von ökologisch erzeugten Zutaten stockt. Diese Gefahr droht bei der oben genannten Strategie nicht, da in diesem Fall alle Menüs um einen gewissen Ökoprozentsatz steigen und somit für die Tischgäste keine Alternativen bestehen, außer auf den Besuch der Verpflegungseinrichtung generell zu verzichten. Diese Gefahr ist jedoch dann gering, wenn nur eine Komponente ausgetauscht wird und deshalb alle Menüs nur um wenige Pfennige im täglichen Preis steigen müssen.

Aus den genannten Gründen neigen die Verfasser dieses Berichtes dazu, bei der Beratung in der Regel die erste Strategie des Austauschs einer oder mehrerer Komponenten in allen Menüschienen zu favorisieren, da hier die Preissteigerung auf alle Tischgäste verteilt werden kann und logistische Probleme dadurch gemildert werden, daß größere Mengen eines verfügbaren Produkts vermarktet werden können.

Werbung, Aufklärung und Öffentlichkeitsarbeit (Kommunikationspolitik)

Ziel ist es, die Küchenleitung und die Tischgäste von den Vorteilen des ökologischen Landbaus zu überzeugen, so daß diese bereit sind, die entsprechend höheren Kosten zu tragen.

Für die Ansprache der Zielgruppen »Küchenleitung« und »Tischgäste« sind selbstverständlich verschiedene Instrumente zu wählen. Die Einführung der Küchenleitung in die Belange des ökologischen Landbaus erfolgt am besten im Rahmen einer Betriebsbesichtigung (vergleiche Kapitel 08.09), bei der möglichst ein Großteil der Belegschaft einer Verpflegungseinrichtung teilnehmen sollte, die in direktem Kontakt mit den Tischgästen steht. Auf diese Weise ist am ehesten gewährleistet, daß auf Fragen der Tischgäste hinsichtlich Herkunft und Eigenschaften der eingesetzten ökologisch erzeugten Produkte kompetent geantwortet werden kann. Die Tischgäste lassen sich am wirksamsten über Aktionen erreichen, bei denen folgendes zu beachten gilt:

Abb. 9: *Positives Beispiel – Öko-Produkte werden an einem Probierstand attraktiv präsentiert*

Was soll ich machen:

+ Produkte zum Probieren und Verkaufen bereitstellen
+ Adreßlisten über Einkaufsmöglichkeiten für ökologisch erzeugte Produkte in der Region auslegen
+ auf Hoffeste in der Umgebung hinweisen
+ Genußorientierung des ökologischen Landbaus herausstellen
+ ausreichende Standbesetzung, um neben dem Verkauf auch Gespräche zu ermöglichen
+ bei der ersten Aktion regionale Presse einladen
+ Preisrätsel veranstalten und Warenkorb mit Produkten des ökologischen Landbaus als ersten Preis ausschreiben
+ Aktion vorher ankündigen, um Aufmerksamkeit zu erzeugen
+ Zusammenstellung geeigneter Informationsmaterialien
+ eigenes Aktionsmotto kreieren wie

»Natur auf dem Teller«, »Küche des Gartens«, »Ökologisch genießen«

+ ökologisch erzeugte Zutaten attraktiv im Rahmen eines Schaukochens gesondert anbieten

Was soll ich nicht machen:

- zu kurzer Zeitraum der Vorbereitung
- falscher Zeitpunkt der Aktion (wenn zum Beispiel kein frisches Angebot aus der Region vorliegt)
- Förderung »Müsli-Image« durch Überbetonung von Getreide
- keine Aktionen am Montag oder Freitag, längstens dienstags bis donnerstags oder kürzer
- Überfrachten mit zuviel schriftlichem Informationsmaterial

Abb. 10: *Negatives Beispiel – Überfrachtung mit Info-Material*

- Gesundheitsaspekt zu stark betonen
- Sonderpreise in der Aktionswoche vermeiden, da es dann um so schwerer wird, das Angebot an Öko-Produkten später auf das normale Niveau zu hieven
- Aufdringlichkeit bei der Informationsvermittlung vermeiden und besser die Tischgäste durch interessante Aktionen locken.

Betriebswirtschaftliche Aspekte (Preispolitik)

Ziel ist es, ökologisch erzeugte Produkte für einen angemessenen Preis zu vermarkten, ohne daß die Schwelle einer Preiserhöhung überschritten wird, die eine Mehrzahl der Tischgäste nicht mehr akzeptiert.

Höhere Preise müssen als das Hauptproblem bei der Vermarktung an Großverbraucher bezeichnet werden. Dies hat zur Folge, daß teilweise Projekte scheitern, auch wenn die Logistik und die Qualität der Belieferung mit ökologisch erzeugten Produkten hergestellt wurde und somit die Rahmenbedingungen eigentlich für den Erfolg des Einsatzes von Öko-Produkten sprechen. Besonderes Augenmerk muß deshalb darauf gerichtet werden, ökologisch erzeugte Produkte so in die Menüs zu integrieren, daß eine Mehrzahl der Tischgäste Preissteigerungen verkraften kann. Relativ wenig Aussagekraft für den praktischen Erfolg des Einsatzes für Öko-Produkte haben dabei Befragungen, die eine vermeintliche Zahlungsbereitschaft der Tischgäste erkunden, denn zwischen »Wollen« und »Tun« klafft erfahrungsgemäß eine große Lücke.

Um ökologisch erzeugte Produkte bei Großverbrauchern erfolgreich zu integrieren, erscheint die Kombination der folgenden Vorgehensweisen angebracht:

Schrittweises Vorgehen

Eine schrittweise Integration von ökologisch erzeugten Produkten in die Speisenplanung, indem beispielsweise über einen bestimmten Zeitraum Öko-Produkte eingesetzt werden und/oder einzelne Komponenten aus ökologischem Landbau bezogen werden, hat zur Folge, daß auch Preiserhöhungen nur schrittweise vorgenommen werden müssen. Weiterhin können Preiserhöhungen eher durch Mischkalkulationen abgepuffert werden, wenn anfänglich nur wenige Produkte kontinuierlich aus ökologischem Landbau bezogen werden. Nicht nur aus betriebswirtschaftlicher Sicht hat die schrittweise Vorgehensweise Vorteile. Eine behutsame Vorgehensweise bietet der Küchenleitung und dem Anbieter die Möglichkeit, die Geschäftsbeziehung langsam aufzubauen. Dabei erscheint es angebracht, mit sogenannten »sicheren« Produkten zu beginnen, also Produkten, die in Menge, Qualität und Vorverarbeitungsgrad zuverlässig und kontinuierlich geliefert werden können. Die Belieferung mit geschälten Kartoffeln aus ökologischen Landbau ist hierfür ein Beispiel.

Austausch von Komponenten statt Austausch von Menüs

Die Integration von ökologisch erzeugten Produkten in allen Menüschienen hat den Vorteil, daß alle Menüschienen etwas teurer werden, während bei dem Angebot eines Öko-Menüs dieses mit einem Preisaufschlag belegt werden muß, der dann häufig auch von der Zielgruppe für das Öko-Menü nicht mehr getragen wird. Ziel muß es daher sein, schrittweise einzelne Komponenten in allen Menüschienen auszutauschen. Diese Vorgehensweise hat nicht nur betriebswirtschaftliche Vorteile, sondern erleichtert auch die Belieferung, da kontinuierlich größere Mengen eines Produktes geliefert werden können und ein aufwendiges Bestellwesen für kleine Mengen und Kleinstmengen nicht aufgebaut werden muß. Dieser geringere Aufwand schlägt sich letztendlich auch auf den Preis nieder.

Ansprechen der Verantwortlichen in Großküchen für den Einkauf

Grundsätzlich gibt es drei Möglichkeiten, Kontakt mit Großküchen als potentielle Kunden aufzunehmen:

- Aufbau einer Adreßkartei (Betriebskantinen über IHK; Krankenhäuser, Altenheime, andere öffentliche Einrichtungen über Telefonbücher oder Adreßverzeichnissen, es gibt beispielsweise ein Adreßverzeichnis mit allen Altenheimen in Deutschland)
- Rundschreiben, anschließend telefonische Kontaktaufnahme
- allgemeines Rundschreiben an die Küchen (am besten, vorher die Namen der verantwortlichen Person herausfinden, um das Anschreiben möglichst persönlich zu gestalten)
- Mit dem Rundschreiben eine Befragung über das Interesses an ökologisch erzeugten Produkten verbinden
- Direkte telefonische Kontaktaufnahme mit der verantwortlichen Person für Speiseplangestaltung und Einkauf

Ablauf des ersten Gesprächs (Voraussetzung: es besteht Interesse an Öko-Produkten):

- Herausfinden, warum der Ansprechpartner Interesse am Einsatz von Öko-Produkten hat (zum Beispiel Imageverbesserung der Küche, Druck von Leitung, persönliches/privates Interesse)
- Herausfinden, wer in der Einrichtung über den Einsatz von Öko-Produkten entscheidet oder mitentscheidet (zum Beispiel Leitung, Betriebrat, Küchenausschuß, Küchenleiter, Einkäufer)
- Möglichkeiten und Bedingungen des Einsatzes von Öko-Produkten abklären (zum Beispiel Produkte, Mengen, Preisgestaltung)
- Vorschläge für den Einstieg mitliefern (Beginn mit nur einem Produkt, Einstieg mit einer Auftaktwoche)
- Einladung der Verantwortlichen zu einer Betriebsbesichtigung
- Dem Gesprächspartner Informationsmaterial (mit Anschrift, Telefon- und Faxnummer des Ansprechpartners) geben
- Gesprächsführung und -stil: freundlich, aber bestimmt

Abb. 11: *Betriebsbesichtigung mit Mitarbeiterinnen und Mitarbeitern von Großküchen – Demeter-Betrieb Dottenfelder Hof*

Nach dem ersten Gespräch:

- Dem Gesprächspartner ein Ergebnisprotokoll des Gespräches zuschikken (zum Beispiel mit Vereinbarungen, Erledigervermerken)

- Der Küche regelmäßig (wöchentlich) ein Angebot (Produkte und Preise) zukommen lassen (am besten per Fax); auch wenn zunächst keine Bestellungen erfolgen, sollte das regelmäßige Angebot beibehalten werden

Resümee

Die Situation bei der Vermarktung von ökologisch erzeugten Produkten an Großverbraucher läßt sich wie folgt zusammenfassen:

- Nur eine schrittweise Vorgehensweise führt zum Erfolg, da sich eine geeignete Belieferungsstruktur hinsichtlich Mengen und Qualitäten erst aufbauen muß
- Um neue Konsumentenkreise zu erreichen, muß die Aussage bekräftigt werden, daß sich Genuß und ökologischer Landbau nicht ausschließen, sondern vielmehr ergänzen
- Die Bereitstellung von Convenience-Produkten ist unabdingbare Voraussetzung für die großflächige Erschließung dieses Marktes, wobei dies keineswegs bedeutet, daß Abstriche an der richtliniengemäßen schonenden Verarbeitung ökologisch erzeugter Produkte erfolgen
- Um kostengünstige und effiziente Belieferungsstrukturen aufzubauen, muß in Zukunft verstärkt überlegt werden, inwieweit mit dem konventionellen Zustellhandel gearbeitet werden kann. Das vereinfacht sich dadurch, daß sich dieser beim Handel loser Ware oder bei der Verarbeitung der entsprechenden Verordnung ökologischer Landbau unterziehen muß und somit eine Verwechslung mit parallel gehandelten konventionellen Produkten auszuschließen ist
- Es werden in Zukunft immer mehr spezialisierte Anbieter entstehen, die sich an die Bedürfnisse von Großverbrauchern anpassen und den Großverbrauchermarkt als tragende Säule ihres Geschäftes aufbauen. Eine periphere Behandlung dieses Absatzweges oder sogar die Betrachtung als Absatzmarkt für Überschußmengen muß zwangsläufig zu Mißerfolgen führen

Abschließend sei bemerkt, daß es für die Gemeinschaftsverpflegung schon relativ viele und auch erfolgreiche Erfahrungen hinsichtlich des Bezuges von ökologisch erzeugten Produkten gibt. Es wird in Zukunft darauf ankommen, entsprechende Konzepte auch für die Belieferung von Restaurants zu entwickeln, was angesichts der Dezentralität dieses Marktes und der relativ kleinen Mengen, die in Restaurants gebraucht werden, nicht einfach ist. Jedoch ist es schon allein aus

Imagegründen unabdingbar, daß auch dieser Markt für ökologisch erzeugte Produkte erschlossen wird, denn das Essen im Restaurant wird sehr stark mit Genuß verbunden. Diese Verbindung mit Genuß wiederum brauchen ökologisch erzeugte Produkte, um in breiten Bevölkerungskreisen akzeptiert zu werden.

Weiterführende Literatur

ARBEITSGEMEINSCHAFT ÖKOLOGISCHER LANDBAU *(Hrsg.): Beratungsordner Ökologischer Landbau und Großverbraucher. Mai 1992*
Bezug: Arbeitsgemeinschaft Ökologischer Landbau, Baumschulenweg 11, 64295 Darmstadt

HERMANOWSKI, ROBERT und ROEHL, RAINER: *Natur auf dem Teller. SÖL-Sonderausgabe Nr. 44, September 1993*
Bezug: Stiftung Ökologie & Landbau, Weinstraße Süd 51, 67098 Bad Dürkheim.

HESSISCHES MINISTERIUM FÜR LANDESENTWICKLUNG *(Hrsg.): Einsatz ökologisch erzeugter landwirtschaftlicher Produkte aus Hessen in öffentlichen Einrichtungen.*
Bezug: Hess. Ministerium für Landesentwicklung, Frau Schwall, Hölderlinstr. 1–3, 65187 Wiesbaden

ÖKOMARKT HAMBURG *(Hrsg.): Einführung von Produkten aus ökologischem Landbau bei Großverbrauchern in Hamburg. März 1995*
Bezug: Ökomarkt, Kurfürstenstr. 10, 22041 Hamburg

Sektion 12, Allgemeines, spezielle Themen und Service

– Weitere Beiträge in Vorbereitung –

Statistiken
Teil 1: Strukturdaten der nach der EG-Bio-Verordnung wirtschaftenden Unternehmen

In der folgenden Tabelle sind die derzeit gültigen, von der Bundesanstalt für Landwirtschaft und Ernährung (BLE) herausgegebenen Strukturdaten der gemäß der EG Verordnung 2092/91 wirtschaftenden Unternehmen dargestellt. Diese Daten repräsentieren alle landwirtschaftlichen Betriebe, die sich von einer staatlich anerkannten Kontrollstelle prüfen ließen. Die für die Tierhaltung genutzten Flächen wurden bei der Aufstellung nicht berücksichtigt, da es für die tierische Produktion noch keine gültige EG-Verordnung gibt. Die Diskrepanz zu den von der AGÖL veröffentlichten Daten ergibt sich daraus, daß in den Zahlen der AGÖL auch die Tierhaltungsbetriebe und die Futterbauflächen berücksichtigt werden.

Quelle: Erzeugerpreise aus ökologischem Anbau, Nr. 35 vom 01. 09. 1995, Seite 18

Strukturdaten der nach der Verordnung* (EU) Nr. 2092/91 des Rates vom 24. Juni 1991 wirtschaftenden Unternehmen in Deutschland nach Unternehmensformen sowie der bewirtschafteten Fläche, Stand 31.12.1994

Bundesland	**Unterneh-men insge-samt**	**ökologisch bewirtschaf-tete Fläche (in ha)**	**Gesamtfläche (in ha)** (umfaßt Ackerfläche Hoffläche, Wege und Wegränder)	**Anzahl der Unternehmen** (A = landwirtschaftlicher Betrieb; B = Verarbeitungsbetrieb; C = Einfuhrbetrieb) **A**	**AB/AC**	**B**	**BC**	**C**	**relativer Anteil an Gesamt-zahl der landw. Betriebe** (in %)**	**relativer Anteil an gesamten d. landw. Nutz-fläche (in %)**
Baden-Württemberg	2.054	29.319	32.627	1.359	300	370	16	9	1,81	2,01
Bayern	1.930	38.179	38.763	1.466	87	363	9	5	0,69	1,12
Bremen	17	42	42	2	-	-	-	-	-	-
Hamburg	56	206	235	9	-	30	11	6	-	-
Hessen	491	12.866	12.903	314	38	136	1	2	0,87	1,64
Niedersachsen	701	16.473	18.234	450	37	202	8	4	1,24	0,61
Nordrhein-Westfalen	685	7.631	8.083	402	24	246	9	4	0,59	0,49
Rheinland-Pfalz	444	7.552	8.492	258	88	97	1	-	0,88	1,06
Saarland	55	2.500	2.500	31	3	20	1	-	1,33	3,40
Schleswig-Holstein	313	12.172	12.333	211	19	81	1	1	0,91	1,15
Altes Bundesgebiet	**6.746**	**126.940**	**134.149**	**4.502**	**596**	**1.559**	**58**	**31**	**0,93**	**1,08**
Berlin	37	40	40	3	-	32	-	2	-	-
Brandenburg	153	33.403	33.403	140	3	10	-	-	2,27	2,57
Mecklenburg-Vorpommern	399	81.448	81.448	391	-	8	-	-	9,00	6,20
Sachsen	122	5.135	5.135	59	2	61	-	-	0,76	0,57
Sachsen-Anhalt	95	12.889	12.889	81	2	12	-	-	1,87	1,13
Thüringen	116	12.284	14.441	86	1	29	-	-	1,94	1,56
Neue Bundesländer	**9.22**	**145.199**	**147.356**	**760**	**8**	**152**	**0**	**2**	**3,32**	**2,67**
Bundesgebiet insgesamt	**7.668**	**272.139**	**281.505**	**5.262**	**604**	**1.711**	**58**	**33**	**1,32**	**1,58**

* Verordnung über den ökologischen Landbau und die entsprechende Kennzeichnung der landwirtschaftlichen Erzeugnisse und Lebensmittel

** Unternehmen der Gruppen A und AB/AC. Berechnet nach Daten aus: Agrarbericht der Bundesregierung 1995; Materialband, Tabelle 9, Seite 16

Quelle: Bundesanstalt für Landwirtschaft und Ernährung (BLE)

Ausbildungsmöglichkeiten

Situation der Ausbildung, Neues Interesse für Ökologischen Landbau, Arbeitskräftebedarf ökologischer Betriebe, Ausbildungsinhalte, Berufspraktische Ausbildung, Praktikum zum Kennenlernen, Orientierungsseminare, Ausbildung zum Landwirt/in und zum Gärtner/in, Begleitende Kurse während der Ausbildung, Arbeitsmöglichkeiten und Tätigkeitsfelder, Weiterbildung, Studium an Fachhochschule und Universität, Kurse zur Einführung und Fortbildung für Praktiker

Folgelieferung Dezember '95

Hans Jürgen Reents

Einleitung

Die Bedeutung des ökologischen Landbaus hat in der öffentlichen Diskussion zum Umwelt- und Naturschutz und zur Sicherung der Lebensmittelqualität stark zugenommen. Junge Menschen fragen verstärkt nach ökologisch bewirtschafteten Betrieben, wenn sie eine Ausbildung in einem landwirtschaftlichen Beruf beginnen wollen. Inzwischen sind verschiedene Initiativen für eine vertiefte fachliche Ausbildung entstanden, Kursangebote haben sich etabliert und institutionalisiert. In den Berufs-, Fach- und Hochschulen werden Lehrinhalte zum ökologischen Landbau in unterschiedlichem Umfang mit angeboten.

Situation der Ausbildung

Die schlechten Prognosen für die Landwirtschaft, die geringen Verdienstmöglichkeiten, die hohe Arbeitsbelastung und das negative Image haben dazu beigetragen, daß immer weniger junge Menschen eine Ausbildung in der Landwirtschaft beginnen. Die Zahl der Auszubildenden in den Agrarberufen Landwirt/in, Gärtner/in und Hauswirtschafter/in nahm von 40.673 im Jahr 1980 auf 24.398 im Jahr 1992 ab, obwohl sich die Bevölkerungszahl durch die Wiedervereinigung kräftig erhöht hat (Bundesstatistik, Agrarbericht 1994). Dieser Rückgang betrifft in erster Linie den Land- und Hauswirtschaftsbereich, weniger die Gärtner. Auch die Anzahl der Studienanfänger für Agrarwissenschaften und Gartenbau ist für den gleichen Zeitraum rückläufig.

Neues Interesse für ökologischen Landbau

In den 80er Jahren hat sich bei Jugendlichen das Interesse für ökologische Zusammenhänge und Umweltprobleme verstärkt. Fragen des Naturverständnisses im Zusammenhang mit unterschiedlichen Weltanschauungen sind neu diskutiert worden. Immer mehr junge Menschen – vor allem aus Städten – haben die Möglichkeit gesucht, in und mit der Natur zu arbeiten.

Der ökologische Land- und Gartenbau bietet zahlreiche Arbeits-, Lebens- und Lernmöglichkeiten an, die diesen Wünschen weitgehend entsprechen. Gleichzeitig eröffnet eine größere Zahl von Betrieben durch Gemeinschaftsbildungen die Chance, das Leben und Arbeiten in neuen sozialen Strukturen zu üben.

Während der großen Nachfrage der Interessenten zunächst kein entsprechendes Angebot seitens der Betriebe gegenüberstand, sind heute Nachfrage und Angebot weitgehend ausgeglichen.

Arbeitskräftebedarf ökologischer Betriebe

Der Betriebsvergleich des AGRARBERICHTS 1994 zeigt für die ökologischen Betriebe neben Unterschieden in anderen Produktionskennziffern einen höheren Arbeitskräftebesatz pro Hektar. Der ergibt sich aus dem höheren Pflegeaufwand für die Beikrautregulierung im Pflanzenbau und dem höheren Anteil pflegeintensiver Hackkulturen. Die größere Anzahl direktvermarktender Betriebe trägt ebenfalls zu dem höheren Arbeitskräftebedarf bei. Die Arbeiten sind aufgrund der angestrebten vielfältigen Kulturen und komplexen Betriebsstrukturen abwechslungsreicher bei insgesamt höherem Arbeitsanfall.

Im Vergleich zu konventionellen werden auf ökologischen Betrieben doppelt so viele Fremdarbeitskräfte beschäftigt; ein großer Teil davon sind Auszubildende und Praktikanten.

Ausbildungsinhalte

Die Methoden des ökologischen Land- und Gartenbaus sind weitgehend allein von Praktikern aus ihren betrieblichen Gegebenheiten entwickelt worden. Die Ausbildungsinhalte müssen an die entwickelten Methoden, die Prinzipien der Betriebsorganisation und an die zunehmenden Erkenntnisse wissenschaftlicher Untersuchungen angepaßt werden (Tabelle 1).

Tabelle 1: Ausbildungsinhalte im ökologischen Landbau

- Vermittlung einer umfassenden Betrachtungsweise des landwirtschaftlichen Betriebes im Sinne eines lebendigen Systems und Organismus höherer Ordnung
- Erkennen von Stoffkreisläufen in der Landwirtschaft, Möglichkeiten der Lenkung und Vermeiden von Verlusten
- Beurteilung des Bodenzustands mit Hilfe von Pflanzenwachstum, Beikrautflora und Bodenstruktur
- Bedeutung der Bodenbearbeitung für die Wachstumsbedingungen der Pflanzen und das Bodenleben
- Pflege und Aufbereitung des organischen Düngers aus der Tierhaltung und Anwendung im Pflanzenbau
- Erhaltung und Förderung der Bodenfruchtbarkeit durch pflanzenbauliche Maßnahmen und Bodenbearbeitung
- Gestaltung der Fruchtfolge zur Humus- und Stickstoffversorgung des Bodens und zum Aufschluß der Minerale
- Bedeutung der Fruchtfolge für die Wechselbeziehungen im Ackerbau, insbesondere Düngewirkung, Durchwurzelung sowie Beikraut und Schadorganismen regulierende Effekte der Vorfrüchte
- Sortenwahl und Saatgutqualität im Hinblick auf Pflanzengesundheit, Bestandesentwicklung und Produktqualität
- Beikrautregulierung durch mechanische und thermische Maßnahmen, Kenntnis der Geräte und ihrer Einsatzmöglichkeiten
- Kenntnis über Verfahren zur Förderung von Pflanzengesundheit und Nützlingen sowie Maßnahmen der aktiven Regulierung von Schadorganismen (mechanisch, Anwendung von Naturstoffen und biologischer Verfahren)
- Pflege der Kulturlandschaft, Gestaltung durch Anlage von Hecken, Feldgehölzen und Rainen und ihre Auswirkungen auf den Gesamtbetrieb
- Kenntnis der Anbauverfahren einzelner Feld- und Sonderkulturen und ihrer speziellen Anforderungen im ökologischen Landbau
- Bedeutung des Zwischenfruchtbaus für die Humus- und Stickstoffversorgung, als Ergänzung des Futterbaus sowie als Erosionsschutz und zur Reduzierung von Nitratverlagerungen
- Bedeutung des Futterbaus für die Tierhaltung und die Wechselbeziehung zum Ackerbau
- Bewirtschaftung und Pflege des Dauergrünlandes bei organischer Düngung, Bedeutung des Weißklees
- Maßnahmen des biologisch-dynamischen Anbaus, Kenntnis der Präparate und ihrer Anwendung
- Natürliche Verhaltensweisen der Tiere
- Grundsätze der artgerechten Tierhaltung und ihre Umsetzung in Haltungstechnik, Gestaltung der Ställe

Folgelieferung Dezember '95

- Anforderung der Tiere an die Fütterung und artgerechte Rationsgestaltung
- Zuchtziele der verschiedenen Rassen in Abhängigkeit von der natürlichen Merkmalsausprägung bei den unterschiedlichen Tierarten
- Kenntnis von Tierkrankheiten, mögliche Ursachen und Behandlung mit naturgemäßen Verfahren
- Beurteilung der Qualität der erzeugten Nahrungsmittel, äußere Merkmale und weiterführende Methoden
- Verfahren der Weiterverarbeitung, die innerhalb eines landwirtschaftlichen Betriebes möglich sind
- Aktive Vermarktung auf verschiedenen Ebenen – Direktabsatz an gewerbliche Abnehmer und über Erzeugergemeinschaften
- Kenntnis der rechtlichen Bestimmungen bei der Vermarktung von Produkten aus ökologischem Anbau – EG-Verordnung, Verbandsrichtlinien, Bestimmung für Direktvermarktung
- Betriebskontrolle nach EG-Verordnung und Verbandswarenzeichen
- Kenntnis der staatlichen Maßnahmen zur Förderung des ökologischen Landbaus
- Wirtschaftlichkeitsrechnung für den Gesamtbetrieb und die einzelnen Produktionsbereiche unter den Bedingungen ihrer biologischen Abhängigkeiten
- Probleme und Voraussetzungen der Umstellung auf ökologische Bewirtschaftung, Planung der Umstellungszeit
- Möglichkeiten, wirtschaftliche, rechtliche und damit soziale Strukturen zu verändern, in Verbindung mit Verbrauchern, Handel und Verarbeitern

Berufspraktische Ausbildung

Für die »Berufspraktische Ausbildung« muß ein entsprechender Ausbildungsbetrieb gefunden werden. Die Landwirtschaftsämter, Landwirtschaftskammern oder die Arbeitsämter können nur die ökologischen Betriebe ihrer Region nennen. Die Anbauverbände verschicken in der Regel feste Listen mit Lehrbetrieben. Die Verbandszeitschriften enthalten einen größeren Anzeigenteil für Praktikanten, Lehrlinge und ausgebildete Mitarbeiter.

Eine Ausnahme bildet die biologisch-dynamische Wirtschaftsweise. Dort gibt es eine zentrale Vermittlungsstelle:

Auskunfts- und Beratungsstelle im Institut für biologisch-dynamische Forschung e.V., Frau Ingeborg Obermaier, Brandschneise 5, 64295 Darmstadt, Tel.: 06155/77398
Sie verschickt aktuelle Listen mit Anschrift und Hofbeschreibung von Betrieben, die Ausbildungs- oder Mitarbeiterstellen anzubieten haben. Neben den

biologisch-dynamischen Betrieben sind inzwischen auch einige Höfe aus anderen Verbänden hinzugekommen.

Praktikum zum Kennenlernen

Da sich für die ökologische Landwirtschaft auch viele junge Menschen aus dem städtischen Raum interessieren, empfiehlt sich ein Praktikum zum Kennenlernen. Zahlreiche Betriebe bieten es bereits an. Einerseits läßt sich dadurch ein Grundwissen erwerben, andererseits kann man sich selbst prüfen, ob man für den angestrebten Beruf geeignet ist.

Orientierungsseminare

Einige vorwiegend anthroposophisch ausgerichtete Institutionen bieten Seminare zur Orientierung über das Berufsfeld des ökologischen Land- und Gartenbaus an. Sie umfassen praktische Tätigkeiten in verschiedenen Bereichen eines Betriebes (Ackerbau, Tierhaltung, Gemüse- und Obstbau, Verarbeitung der Produkte) verbunden mit Unterricht zur Naturkunde, zum Naturverständnis und zu Weltanschauungen im ökologischen Landbau sowie künstlerische Übungen wie Malen, Plastizieren, Eurythmie.

- Das Landwirtschaftliche Grundjahr
  Gesellschaft zur Förderung der Jugend durch die Landwirtschaft
  Hofgut Rengoldshausen,
  88662 Überlingen, Tel.: 07551/1039
- Arbeits- und Studienjahr auf einem biologisch-dynamischen Gärtnerhof
  Bildungswerk Beruf und Umwelt e.V., Brabanter Str., 34131 Kassel
- Studienjahr Hof Kotthausen
  Verein »Kollegium für freie Jugendarbeit und Berufsbildung«
  Hof Kotthausen, 42399 Wuppertal, Tel.: 0202/612312
- Freies Jugendseminar – Jugendhof
  Freies Jugendseminar Engen, Goethestr. 1, 78234 Engen, Tel.: 07733/7872

Ausbildung Landwirt/in/Gärtner/in

Staatlich anerkannte Lehrbetriebe

Am häufigsten wird die berufspraktische Ausbildung in einem staatlich anerkannten Lehrbetrieb durchgeführt, der ökologisch bewirtschaftet wird. Die Auszubildenden besuchen gleichzeitig die Berufsschule. Grundlagen dieser Ausbildung sind die Bestimmungen des Berufsbildungsgesetzes (BBiG) und des Schulrechts der Länder.

In die Lehrpläne für die Berufsschulen ist der ökologische Landbau inzwischen fast überall mit aufgenommen, länderspezifische Unterschiede bestehen. Die Auszubildenden müssen sich aber das Wissen über die ganze Breite der Landwirtschaft aneignen. Sie lernen also auch konventionelle Methoden.

Nach der dreijährigen Ausbildungszeit wird gemäß den Bestimmungen des

BBiG die Abschlußprüfung zum Landwirt/zur Landwirtin oder zum Gärtner/zur Gärtnerin abgelegt.

Freie Landbauschule Bodensee

Eine spezielle Variante mit einem erweiterten Ausbildungsangebot ist die Freie Landbauschule Bodensee. Das ist ein Zusammenschluß von ungefähr 13 biologisch-dynamischen Landwirtschaftsbetrieben und Gärtnereien im Bodenseegebiet, die den Auszubildenden eine besonders fundierte Ausbildung geben will. Dazu kommen sie an bestimmten Tagen und Wochenenden zum gemeinsamen Unterricht zusammen. Im Vordergrund steht die biologisch-dynamische Landwirtschaft und ihre Grundlagen. Die Ausbildung wird durch künstlerischen Unterricht ergänzt.

Anschrift: Lichthof, 88633 Heiligenberg, Tel.: 07552/6887

Freie vierjährige Ausbildung

Eine Besonderheit ist die »freie biologisch-dynamische Ausbildung«. Sie wurde von Betrieben in Norddeutschland entwickelt und wird dort auch angeboten. Es handelt sich um eine von den staatlichen Lehrplänen unabhängige Lehre. Sie soll dazu befähigen, verantwortlich auf einem biologisch-dynamischen Betrieb tätig zu sein. Einmal im Monat finden zwei- oder dreitägige begleitende Seminare statt, die von erfahrenen Bäuerinnen und Bauern sowie Fachkräften aus anderen Berufen abgehalten werden.

Die Ausbildung wird innerhalb der biologisch-dynamischen Betriebe anerkannt. Sie entspricht aber nicht dem staatlichen Berufsabschluß.

Anschrift: Bäuerliche Gesellschaft Norddeutschland, Bauckhof, 21385 Amelinghausen

Ausbildung an einer Berufsfachschule mit Ausbildungsschwerpunkt Ökologischer Landbau

Staatl. Berufsschule Pfarrkirchen, Max-Breiherr-Str. 30, 84347 Pfarrkirchen, Tel.: 08561/6023

Abschnitt I: weitgehend identisch mit Berufsgrundbildungsjahr(BGJ)-Agrarwirtschaft

Abschnitt II: Schwerpunkt ökologischer Landbau mit einem Tag Betriebspraktikum in der Woche

Abschluß: Staatlich geprüfte/r Agrarhelfer/in (schulrechtlich anerkannter Berufsabschluß)

Begleitende Kurse während der Ausbildung

Von zwei biologisch-dynamischen Institutionen werden ausbildungsbegleitende Kurse angeboten. Sie vertiefen einerseits die fachlichen Kenntnisse über die Anbauweise, behandeln darüber hinaus aber Fragen der Naturbeobachtung und -erkenntnis. Künstlerische Übungen ergänzen dieses Ausbildungsangebot.

- Winterkurs I, biologisch-dynamische Zusatzausbildung, Landbauschule Dottenfelderhof e.V., 61118 Bad Vilbel, Tel.: 06101/64632
- Überbetriebliche Ausbildung für den biologisch-dynamischen Land- und Gartenbau
  Verein zur Förderung der biologisch-dynamischen Wirtschaftsweise e.V. Michael Stoewer, Bunsenstr. 14, 75173 Pforzheim

Arbeitsmöglichkeiten und Tätigkeitsfelder

Der Abschluß der Berufsausbildung ermöglicht die Mitarbeit auf einem Familienbetrieb oder in Gemeinschaften mit eigenem Verantwortungsbereich. Der Weg zur selbständigen Betriebsführung ist offen. Vielfach kommen Aufgaben in Verarbeitung, Vermarktung oder im sozialen Bereich hinzu. Das kann zu einer zusätzlichen Ausbildung als Kaufmann, Käser oder in der Heilpädagogik anregen und zum Doppelberuf führen.

Weiterbildung

Für die selbständige Führung eines Betriebs oder Betriebsteils werden sich Landwirte und Gärtner in aller Regel fortbilden und einen weiteren qualifizierten Abschluß erwerben. Das kann Meister/in, Staatlich geprüfte/r Landwirt/in, Staatlich geprüfte/r Techniker/in sein. Inzwischen haben landwirtschaftliche Fachschulen ein Wahl- und Pflichtangebot zum ökologischen Landbau von unterschiedlichem Umfang.

Technikerschule für Agrarwirtschaft, Fachrichtung Ökologischer Landbau

Staatliche Technikerschule für Agrarwirtschaft – Fachrichtung Ökologischer Landbau, Am Lurzenhof 3a, 84036 Landshut-Schönbrunn, Tel.: 0871/9521-141

Die Inhalte der Technikerausbildung konzentrieren sich auf den Ökologischen Landbau. Dadurch ist diese Institution eine Besonderheit in der Weiterbildung. Sie erreicht eine sehr praxisnahe Ausbildung durch:

- den ökologisch bewirtschafteten Lehrbetrieb des Agrarbildungszentrums
- den Technikunterricht an der Landmaschinenschule mit Einsatz der im ökologischen Landbau erforderlichen Geräte
- ein eigenes, ökologisch bewirtschaftetes Versuchsfeld
- zweiwöchiges Betriebspraktikum bei potentiellen Arbeitgebern
- praktische Arbeiten in der Landschaftspflege, im Obst- und Gemüsebau

Abschluß: Staatlich geprüfter Techniker mit Ausbildereignung

Tätigkeitsfelder: Betriebsleiter, Versuchstechniker, Techniker im mittleren Dienst der Landwirtschaftsverwaltung, Berater bei Verbänden des ökologischen Landbaus, einschließlich Kontroll- und Absatzorganisationen

Winterkurs II, Weiterbildungkurs im biologisch-dynamischen Landbau

Landbauschule Dottenfelderhof e.V., 61118 Bad Vilbel, Tel.: 06101/64632

Der Kurs hat einen zweijährigen Aufbau. Er setzt sich aus zwei mal vier Wochen in zwei aufeinanderfolgenden Jahren zusammen und befaßt sich mit:

- Studium des »Landwirtschaftlichen Kurses« von Rudolf Steiner
- Beiträge aus anthroposophischer Naturwissenschaft, Experimente und Übungen im goetheanistischen Naturerkennen
- Probleme des biologisch-dynamischen Landbaus und Erarbeitung von Lösungswegen, Austausch von Praxiserfahrungen
- Künstlerische Übungen

Landwirtschaftliches Studienjahr

Landbauschule Dottenfelderhof e.V., 61118 Bad Vilbel, Tel.: 06101/64632

Das Landwirtschaftliche Studienjahr dient der Fortbildung für Landwirte und Gärtner, die verantwortlich in einem biologisch-dynamischen Betrieb tätig werden wollen. Dazu werden auf der Grundlage der Anthroposophie die Evolution der Naturreiche und des Menschen sowie eine Erweiterung des Naturverständnisses erarbeitet.

Schwerpunkt des Studienjahres bildet die Jahresarbeit, in der sich jede/r Teilnehmer/in über ein ganzes Jahr mit einem Thema intensiv, zum Teil experimentell forschend, auseinandersetzt.

Studium

Ein Studium von Landwirtschaft/Agrarwissenschaften oder Gartenbau/Gartenbauwissenschaften kann an einer Fachhochschule (FH), Gesamthochschule, Universität (U), oder Technischen Universität (TU) durchgeführt werden.

Die Ausbildungsinhalte zum ökologischen Landbau sind an allen Fachhochschulen und Universitäten prinzipiell sehr ähnlich. Sie lassen sich wie folgt zusammenfassen:

- Grundsätze des ökologischen Landbaus und der Betriebsgestaltung
- Organisationen und Richtlinien der verschiedenen Anbaurichtungen
- Fruchtfolge, Düngung und Pflege der Bodenfruchtbarkeit
- Bodenbearbeitung und Bodenbeurteilung
- Beikraut- und Schädlingsregulierung

- einzelne Kulturen, Feldfutterbau und Grünlandwirtschaft
- Tierhaltung und Tierfütterung
- Qualität der Produkte und Verarbeitung
- Angebot, Nachfrage und Vermarktung; betriebswirtschaftliche Beurteilung

Je nach Stundenzahl, Ausrichtung der Hochschule und Schwerpunkt der Dozenten werden die Teilbereiche unterschiedlich gewichtet behandelt. Das wird zum Teil in der thematischen Untergliederung des Faches deutlich.

Fachhochschule

Voraussetzung für die Zulassung ist die Fachhochschulreife, die auf verschiedenen Wegen erreicht werden kann:

- Berufsausbildung und Fachoberschulabschluß
- Allgemeinbildende Schule, mindestens Abschluß der Klasse 12 oder Abitur

Die Studiengänge verlangen landwirtschaftliche/gärtnerische Praxis, allerdings je nach Fachhochschule in unterschiedlicher organisatorischer Einbindung. Entweder werden Vorstudienpraxis und/ oder Praxissemester gefordert. Die Studiendauer beträgt in der Regel acht Semester. Diese untergliedern sich in je zwei Semester Praxis, naturwissenschaftliche Grundlagen, landwirtschaftliche/ gärtnerische Grundlagen und zwei abschließenden Semestern, die einem Schwerpunkt- oder Vertiefungsstudium gewidmet sind. In der Diplomarbeit, die Teil der Abschlußprüfung zum Diplomingenieur/in (FH) ist, wird zusätzlich ein Thema intensiv bearbeitet.

Will man sich innerhalb der Fachhochschulausbildung auf ökologischen Landbau spezialisieren, so bestehen Möglichkeiten dazu im Praxissemester, im Schwerpunktstudium und in der Diplomarbeit.

Für die Praxissemester bieten sich die ökologischen Betriebe an, die genannten Kurse können ergänzend absolviert werden. Es ist sinnvoll, während der Praktikumszeit auch die Arbeit in Verbänden und Vermarktungsorganisationen des ökologischen Anbaus kennenzulernen.

Die Möglichkeiten der Vertiefung im Schwerpunktstudium hängen von dem Wahlfächerangebot der jeweiligen Fachhochschule ab (Tabelle 2). Ein reines Schwerpunktstudium zum ökologischen Landbau bietet derzeit nur die Gesamthochschule Kassel in Witzenhausen an.

Ob die Themen der Diplomarbeiten den ökologischen Anbau betreffen, ist oft eine Frage der Eigeninitiative, aber auch des Interesses der Dozenten der Fachhochschule.

Tabelle 2: Lehrangebot der Fach- und Gesamthochschulen

Fachhochschule Erfurt, Fachbereich Gartenbau		
Leipziger Str. 77, 99085 Erfurt, Tel.: 0361/51781		
Studiengang: Gartenbau		
Alternative Anbaumethoden	2 SWS	5. Sem.
Fachhochschule Kiel, Fachbereich Landbau in Rendsburg		
Am Kamp 11, 24783 Rendsburg-Osterrönfeld, Tel.: 04331/8116		
Studiengang: Landwirtschaft		
Ökologischer Landbau	3 SWS	6. Sem
Fachhochschule Neubrandenburg, Fachbereich Agrarwirtschaft und Landespflege,		
Brodaer Str. 2, 17033 Neubrandenburg, Tel.: 0395/4513-218		
Studiengang: Agrarwirtschaft		
Das Fach »Ökologischer Landbau« wird nicht speziell ausgewiesen.		
Fachhochschule Nürtingen		
Neckarsteige 6–10, 72622 Nürtingen, Tel.: 07022/701324		
Studiengang: Agrarwirtschaft		
Nutztierethologie	2 SWS	3. Sem.
Tierhaltung	2 SWS	4. Sem.
Ökologischer Landbau I	2 SWS	7. Sem.
Wahlpflichtfach		
Ökologischer Landbau II	2 SWS	8. Sem.
Betriebsumstellung auf ökologischen Landbau	2 SWS	7./8. Sem.
Zusatzfach		
Alternative Landbaumethoden-Seminar	2 SWS	7./8. Sem.
Fachhochschule Osnabrück, Fachbereich Landwirtschaft		
Am Krümpel 31, 49090 Osnabrück, Tel.: 0541/969-5058		
Studiengang: Landwirtschaft		
Vertiefungsrichtung »Agrarökologie«		
Umweltschonende Pflanzenproduktion	8 SWS	
Umweltschonende Tierproduktion	8 SWS	
Ökomarketing im Agrarbereich	4 SWS	
Lehrangebot im 5.-8. Semester (mit einem Praxissemester)		

Folgelieferung Dezember 95

Fachhochschule Rheinland-Pfalz in Bingen, Fachbereich Agrarwirtschaft
Rochusallee 4, 55411 Bingen, Tel.: 06721/409-172
Studiengang: Landwirtschaft

Alternativer Landbau	4 SWS	5./6. Sem.

Universität-Gesamthochschule Paderborn, Fachbereich Landbau Soest,
Windmühlenweg 25, 59494 Soest, Tel.:02921/378-210
Studiengang: Landwirtschaft

Ökologischer Landbau	2 SWS	

Fachhochschule Weihenstephan, Abt. Triesdorf, Fachbereich Landwirtschaft II,
Postfach, 91746 Weidenbach, Tel.: 09826/18221
Studiengang: Landwirtschaft

Einführung in ökologische Landbauformen	2 SWS	3./4. Sem.
Teilschwerpunkt		
Ökolandbau	5 SWS	7./8. Sem.

Fachhochschule Weihenstephan, 85354 Freising, Tel.: 08161/714341
Studiengang: Landwirtschaft

Ökologischer Landbau	2 SWS	
Wahlpflichtfach		
Ökologischer Landbau	2 SWS	

Universität-Gesamthochschule Kassel-Witzenhausen, Fachbereich Landwirtschaft, internationale Agrarentwicklung und ökologische Umweltsicherung
Steinstr. 19, 37213 Witzenhausen, Tel.: 05542/98-0
Studiengang: Integrierter Diplomstudiengang Agrarwirtschaft

Ökologischer Landbau	4 SWS	3./4. Sem.
Ökologische Tierhaltung, Nutztierethologie	4 SWS	3./4. Sem.
Soziale Ökologie	4 SWS	3./4. Sem.
Direktvermarktung, hofeigene Verarbeitung	2 SWS	3./4. Sem.
Agroforstwirtschaft	4 SWS	3./4. Sem.
zusätzlich:		
Studienschwerpunkt		
Ökologischer Landbau (SPÖL)		6./7. Sem.

SWS: Semesterwochenstunden; Sem.: Semester

Für Diplomingenieure/innen (FH) läßt sich das Berufsfeld in folgende Bereiche gliedern:

- Leiter/in des eigenen oder eines Fremd-Betriebes (Pächter/in oder Verwalter/in)
- Beratung (staatlich, privat, Verbände)
- Verwaltung (staatlich/gehobener Dienst, Verbandsgeschäftsführung, Erzeugergemeinschaften)
- Kontrolle des Anbaus und der Verarbeitung von Produkten
- Entwicklungshilfe

Universität

Voraussetzung für die Zulassung zum Studium ist die allgemeine Hochschulreife, in der Regel also Abitur oder ein gleichwertiger Abschluß. Spätestens zur Anmeldung für die Prüfung zum Hauptdiplom müssen mindestens sechs Monate Praktikum nachgewiesen werden. Manche Hochschulen verlangen mehr, teilweise auch als Vorstudienpraxis.

Im Bereich der ökologischen Landwirtschaft wird allgemein eine längere Praktikumszeit gewünscht, eine landwirtschaftliche Grundausbildung bevorzugt.

Die Studiendauer beträgt acht Semester und gliedert sich in Grund- (1. bis 4. Semester) und Hauptstudium (5. bis 8. Semester). Während des Hauptstudiums besteht in den Agrarwissenschaften die Möglichkeit der Spezialisierung auf eine der drei klassischen Fachrichtungen: Pflanzenproduktion, Tierproduktion, Wirtschafts- und Sozialwissenschaften des Landbaus. Weitere spezielle Fachrichtungen werden von den Hochschulen in unterschiedlicher Weise angeboten. In den letzten Jahren ist vielfach eine Fachrichtung »Agrar-Ökologie« oder »Landwirtschaft und Umwelt« eingerichtet worden, in der Themen des ökologischen Landbaus mehr berücksichtigt werden.

Das Lehrangebot zum ökologischen Landbau wird in der Regel durch ein-Wahlfach gedeckt, das je nach Hochschule eine unterschiedliche Stundenzahl umfaßt. Es wird zum Teil durch andere Wahlfächer ergänzt, in denen ebenfalls Inhalte zu diesem Thema behandelt werden. Tendenziell deutet sich eine Ausweitung des Lehrangebotes an. Die beste Chance, sich mit dem ökologischen Landbau intensiver zu befassen, besteht bei der Wahl des Diplomarbeitsthemas. Besonders an denjenigen Hochschulen, die inzwischen Lehrstühle oder Professuren zum ökologischen Anbau eingerichtet haben und ökologische Versuchsbetriebe bewirtschaften, können Fragen aus den laufenden Forschungsvorhaben in diesem Rahmen bearbeitet werden. Diplomagraringenieuren/innen steht ein weites Berufsfeld offen, wobei sie in vielen Bereichen mit Absolventen der Fachhochschule konkurrieren:

- Forschung, Hochschullaufbahn oder – meist kleinere – Industrieunter-

Folgelieferung Dezember 95

Tabelle 3: Lehrangebot an den Universitäten:

Humboldt-Universität zu Berlin		
Landwirtschaftlich-Gärtnerische Fakultät, Invalidenstr. 42, 10115 Berlin, Tel.:030/2897-2208		
Studiengänge: Agrarwissenschaften, Gartenbauwissenschaften		
Studienschwerpunkt »Ökologie der Agrarlandschaften«		
Wahlpflichtfach	8 SWS	5.–8. Sem.
Kernfächer		
– Ökologische Landbewirtschaftung	2 SWS	
– Betriebswirtschaft ökologisch wirtschaftender Betriebe	2 SWS	
– Vermarktung ökologisch erzeugter Produkte	2 SWS	
Wahlobligatorische Fächer		
– Artgerechte Tierhaltung	2 SWS	
– Ökologischer Obstbau	2 SWS	
– Ökologischer Gemüsebau	2 SWS	
Rheinische Friedrich-Wilhelms-Universität Bonn		
Landwirtschaftliche Fakultät, Meckenheimer Allee 174, 53115 Bonn, Tel.: 0228/732868		
Studiengänge: Agrarwissenschaften, Naturschutz und Landschaftsökologie		
Wahlpflichtfach		
– Einführung in den organischen Landbau	2 SWS	5./6. Sem.
– Ausgewählte Kapitel des organischen Landbaus	2 SWS	7./8. Sem.
Exkursionen/Übungen zum organischen Landbau	5 SWS	5.–8. Sem.
– Intensitätsstufen pflanzlicher Produktionssysteme (Naturschutz und Landschaftsökologie)	2 SWS	7. Sem.
– Integrationsseminar Agrarische Produktionssysteme: Analyse und Bewertung (Naturschutz und Landschaftsökologie)	2 SWS	7./8. Sem
– Kolloquium zum Organischen Landbau (Graduierte)	2 SWS	7./8. Sem.
Justus-Liebig-Universität Gießen		
Fachbereich 17 – Agrarwissenschaften und Umweltsicherung, Ludwigstr. 23, 35390 Gießen, Tel.: 0641/702-1		
Studiengang: Agrarwissenschaften und Umweltsicherung		
Wahlpflichtfach		
Ökologischer Landbau	10 SWS	5.–8. Sem.
– Einführung ökologischer Landbau	4 SWS	

– Spezielle Frage der ökologischen Produktionssysteme	4 SWS	
– Übungen, Exkursionen	2 SWS	

Georg-August-Universität Göttingen
Fachbereich Agrarwissenschaften, Am Vogelsang 6, 37075 Göttingen,
Tel.: 0551/39-5532-5537
Studiengang: Agrarwissenschaften

Organischer Landbau, Vorlesung/Seminar	8 SWS	5.–8. Sem.

Martin-Luther-Universität Halle-Wittenberg
Landwirtschaftliche Fakultät, Ludwig-Wucherer-Str. 2, 06015 Halle,
Tel.: 0345/818 200-201
Studiengang: Agrarwissenschaften

Ökologischer Landbau	8 SWS	5.–8. Sem.

Universität Hohenheim
Fakultäten III und VI, Agrarwissenschaften I und II, Postfach 70 05 62,
70593 Stuttgart, Tel.: 0711/459-2322
Studiengang: Allgemeine Agrarwissenschaften und Agrarbiologie

Ökologischer Landbau	8 SWS	5.–7. Sem.
– Pflanzenproduktion im Ökologischen Landbau (Ringvorlesung)	2 SWS	5. Sem.
– Ökologisch und ethologisch orientierte Nutztierhaltung (Ringvorlesung)	1 SWS	5. Sem.
– Der Markt für ökologisch erzeugte Nahrungsmittel	1 SWS	5. Sem.
– Ökologischer Landbau aus betriebswirtschaftlicher Sicht	1 SWS	6. Sem.
– Interdisziplinäres Projektseminar und Exkursionen Einführung in die Methodik der Betriebsanalyse	2 SWS	6. Sem.
– Interdisziplinäres Projektseminar und Exkursionen Darstellung der Ergebnisse	1 SWS	7. Sem.
Zusatzfächer:		
– Wechselwirkungen von Anbaumaßnahmen	1 SWS	5./7. Sem.
– Seminar/Kolloquium Ökologischer Landbau	1 SWS	5./7. Sem.
– Spezielle Aspekte des Pflanzenschutzes im ökologischen Landbau	1 SWS	7. Sem.
– Marketing für Produkte des ökologischen Landbaus	1 SWS	7. Sem.
– Beratungsgesprächstraining (Blockseminar)	1 SWS	5. Sem.
– Obst-, Gemüse- und Weinbau im Ökosystem	2 SWS	7. Sem.
– Exkursionen	1 SWS	6. Sem.

Christian-Albrechts-Universität Kiel
Fachbereich Agrarwissenschaften, Olshausenstr. 40, 24118 Kiel,
Tel.: 0431/880-2988

Studiengang: Agrarwissenschaften		
Ökologischer Landbau	8 SWS	5.–7. Sem.
– Ökologischer Pflanzenbau – Einführung	2 SWS	5. Sem.
– Ökologischer Pflanzenbau – Ausgewählte Kapitel	2 SWS	6. Sem.
– Ökologische Tierhaltung	2 SWS	7. Sem.
– Seminar zum ökologischen Landbau	2 SWS	7. Sem.
Zusätzliches Lehrangebot:		
– Übungen im Feld	2 SWS	6./7. Sem.
– Exkursionen zum ökologischen Landbau	2 SWS	6./8. Sem.
– Seminar für Diplomanden und Doktoranden	1 SWS	7. Sem.
– Umstellungsplanung (Übung)	2 SWS	
– Mikrobiologie landwirtschaftlich genutzter Böden	1 SWS	
– Wirtschaftsdüngermanagement	1 SWS	
– Kolloquium mit externen Referenten		
Technische Universität München-Weihenstephan		
Fakultät für Landwirtschaft und Gartenbau Weihenstephan, 85350 Freising,		
Tel.: 08161/713202 (Student. Sekretariat)		
Studiengang: Agrarwissenschaften		
Ökologischer Landbau (Ringvorlesung)	5 SWS	5.–8. Sem.
– Ökologischer Pflanzenbau und Grünlandwirtschaft	2 SWS	5. Sem
– Tierverhalten und Tierhaltung	1 SWS	6. Sem
– Betriebswirtschaft, Nachfrage und Vermarktung von Öko-Produkten; Fallstudien	1 SWS	7. Sem
– Umstellungsübung	1 SWS	8. Sem
Studiengang: Gartenbauwissenschaften		
Ökologischer Gartenbau	in Vorbereitung	
Universität Rostock		
Fachbereich Agrarökologie, Justus-von-Liebig-Weg 7, 18059 Rostock,		
Tel.: 0381/4405562		
Studiengang: Agrarökologie		
Ökologischer Landbau	7 SWS	5.–8.Sem.
– Acker- und Pflanzenbau, Grünlandbewirtschaftung, Phytomedizin	4 SWS	
– Umwelthygiene, Tierhygiene, -gesundheit, -zucht, -fütterung	3 SWS	

SWS: Semesterwochenstunden, Sem.: Semester

nehmen, die spezielle Produkte für den ökologischen Landbau herstellen
- Beratung (staatlich, privat, Verbände)
- Verwaltung (staatlich, Verbandsführung)
- Kontrolle des Anbaus und der Verarbeitung von Ökoprodukten
- Betriebsleiter/in im eigenen Betrieb oder Verwalter/in im Großbetrieb
- Erzeugergemeinschaften, Genossenschaften
- Vermarktung, Handel
- Entwicklungshilfe

Trotz der größeren Aufmerksamkeit für ökologische Fragen in der Landwirtschaft und des breiten Berufsfeldes ist der Bedarf an Diplomagraringenieuren mit Spezialisierung auf ökologischen Landbau noch gering.

Kurse zur Einführung und Fortbildung für Praktiker

Von den meisten Verbänden des ökologischen Landbaus wird für die Anerkennung des Betriebes und als Voraussetzung für die Nutzung des Warenzeichens der Besuch eines Einführungskurses zur ökologischen Landwirtschaft oder eine vergleichbare Qualifikation verlangt. Dies soll dazu dienen, die Praktiker mit den Grundsätzen und Methoden der Wirtschaftsweise vertraut zu machen und durch erfahrene Landwirte die Umsetzung in die Praxis kennenzulernen.

Fortbildungskurse sollen Teilgebiete der Wirtschaftsweise vertiefen. Erfahrungen von Praktikern auf speziellen Gebieten sind dazu ebenso geeignet wie Kenntnissse aus der Betriebsberatung oder Forschungs- und Versuchsergebnisse.

Ziele und Themen dieser Bildungsangebote

- Einführung in den ökologischen Land- und Gartenbau (vor allem für interessierte Praktiker) mit den Themen: Richtlinien, Umstellung, Kontrolle, Bodenfruchtbarkeit, Bodenbearbeitung, Beikrautregulierung, Fruchtfolge, Zwischenfruchtbau, Düngung, Sorten, Grünlandbewirtschaftung und Futterbau, Milchviehfütterung und Zucht, artgerechte Tierhaltung, Vermarktung
- Möglichkeit zum Austausch von Praktikererfahrungen
- Lernen durch Betriebsbesichtigungen
- Vertiefen der Kenntnisse über Teilgebiete, Vermittlung von Versuchs- und Forschungsergebnissen
- Vertiefen des Wissens über ökologischen Landbau und Schulung der Wahrnehmung für die Zusammenhänge im Betrieb

Tabelle 4: Kursangebote und Veranstalter

ANOG e.V.
Pützchens Chaussee 60, 53227 Bonn, Tel.: 0228/461262

Bauernschule Hohenlohe
Weckelweiler, 74592 Kirchberg/Jagst, Tel.: 07954-328 od. 226

Beratungsdienst ökologischer Gemüsebau
Fürstenbergstr. 17, 79102 Freiburg, Tel.: 0761/079588 zusammen mit der Evangelischen Akademie Bad Boll, Akademieweg 11, 73087 Bad Boll, Tel.: 07164/79235

Biokreis Ostbayern
Theresienstr. 36, 94032 Passau

Bioland, Landesverband Baden-Württemberg
Eugenstr. 21, 72622 Nürtingen, Tel.: 07022/93266-0 zusammen mit der Evangelischen Akademie Bad Boll, Akademieweg 11, 73087 Bad Boll, Tel.: 07164/79235

Bioland, Landesverband Bayern e.V.
Stadtjägerstr. 15, 86152 Augsburg, Tel.: 0821/158615

Bioland, Landesverband Hessen
Hintergasse 23, 35325 Mücke Ruppertenrod, Tel.: 06400/8084

Bioland – Verband für organisch-biologischen Land- und Gartenbau Schleswig-Holstein, Kieler Str. 26, 24582 Bordesholm, Tel.: 04322/4122 in Zusammenarbeit mit dem Ökoring Schleswig-Holstein

Bundesverband Ökologischer Weinbau
Zuckerberg 19, 55276 Oppenheim, Tel.: 06133/6140

Evangelische Landjugendakademie (in eigener Regie oder in Zusammenarbeit mit den AGÖL-Verbänden und der Stiftung Ökologie und Landbau)
Dieperzbergweg 13-17, 57610 Altenkirchen, Tel.: 02681/9516-0

Fachschule für Agrar- und Hauswirtschaft
Gustav-Hermann-Str. 24, 07646 Stadtroda, Tel.: 036428/22102

Fördergemeinschaft Ökologischer Obstbau e.V.
Heilbronner Str. 11, 74189 Weinsberg, LVWO Weinsberg, Tel.: 07134/8935

Förderverein Ökoherz«
Wohlsborner Str. 2, 99427 Weimar-Schöndorf, Tel.: 03643/437113

Forschungsring für Biologisch-Dynamische Wirtschaftsweise
Baumschulenweg 11, 64295 Darmstadt, Tel.: 6155/2674

Gesellschaft für Boden, Technik, Qualität (BTQ), Bundesverband für Ökologie in Land- und Gartenbau
Postfach 11 11, 67085 Bad Dürkheim, Tel.: 06322/8069

Katholische Landvolkshochschule St. Ulrich
St. Ulrich 10, 79283 Bollschweil, Tel.: 07602/9101-0

Landesvereinigung für den ökologischen Landbau in Bayern e.V. (LVÖ)
Hartmannstr. 5, 91330 Eggolsheim, Tel.: 09545/50505

Ökoring Schleswig-Holstein
Kieler Str. 26, 24582 Bordesholm, Tel.: 04322/466

Naturland Nord-Ost
Haus-Nr. 28, 23623 Schwienkuhlen, Tel.: 04525/3903

Naturland NRW
Hauptstr. 5, 59510 Lippetal-Lippborg, Tel.: 02527/8032

Naturland, Landesverband Bayern (sowie für die Gruppen in Hessen, Thüringen und Sachsen), Lindenstr. 25, 85354 Freising, Tel.: 08161/21311

Sächsische Interessengemeinschaft Ökologischer Landbau e.V. (SIGÖL)
Staatliches Amt für Landwirtschaft Mockrehna, Schildauer Str. 18, 04838 Mockrehna, Tel.: 034244/53124

Stiftung Ökologie und Landbau
Weinstr. Süd 51, 67089 Bad Dürkheim, Tel.: 06322-8666

Vereinigung der Arbeitsgemeinschaft für Biologisch-Dynamische Wirtschaftsweise Baden-Württemberg
Hauptstr. 82, 70771 Leinfelden-Echterdingen, Tel.: 0711/902540

Postkarte für Kritik und Vorschläge an die Redaktion des LoseblattSystems »Ökologische Landwirtschaft«

Sehr geehrte Damen und Herren, ...

Diese Postkarte ist an die Redaktion (in Düsseldorf) adressiert und daher nicht geeignet für geschäftliche Post an den Verlag (in Berlin) - siehe Impressum

Bestellkarte

Hiermit bestelle ich ein Exemplar
I. Lünzer, H. Vogtmann (Hrsg.)
Ökologische Landwirtschaft
Springer LoseblattSystem, DIN A5,
ca. 650 Seiten, Preis: DM 98,–
zuzügl. Porto und Verpackung

Diese Bestellung kann ich innerhalb von 14 Tagen widerrufen. Dazu genügt eine einfache Postkarte. Von dieser Garantie habe ich Kenntnis genommen und bestätige das mit meiner zweiten Unterschrift.

Datum Ihr

Datum Ihr

GPSR Compliance

The European Union's (EU) General Product Safety Regulation (GPSR) is a set of rules that requires consumer products to be safe and our obligations to ensure this.

If you have any concerns about our products, you can contact us on ProductSafety@springernature.com

In case Publisher is established outside the EU, the EU authorized representative is:

Springer Nature Customer Service Center GmbH
Europaplatz 3
69115 Heidelberg, Germany

Batch number: 10682325

Printed by Printforce, the Netherlands